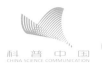

科普中国创作出版扶持计划

定真 气象科普丛书

中国科普研究所
2021年委托项目（210107ECP047）研究成果

风雨同行

走进生活气象

朱定真 武蓓蓓 张金萍 编著

U0157917

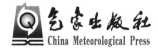

气象出版社
China Meteorological Press

图书在版编目（ＣＩＰ）数据

风雨同行 : 走进生活气象 / 朱定真，武蓓蓓，张金
萍编著. -- 北京 : 气象出版社，2022.8（2024.10 重印）
（定真气象科普丛书）
ISBN 978-7-5029-7730-6

Ⅰ. ①风… Ⅱ. ①朱… ②武… ③张… Ⅲ. ①气象学
－普及读物 Ⅳ. ①P4-49

中国版本图书馆CIP数据核字(2022)第098068号

风雨同行——走进生活气象
Fengyu-Tongxing—Zou Jin Shenghuo Qixiang

出版发行：气象出版社

地　　址：北京市海淀区中关村南大街 46 号　　邮政编码：100081

电　　话：010-68407112（总编室）　010-68408042（发行部）

网　　址：http://www.qxcbs.com　　E－m a i l：qxcbs@cma.gov.cn

责任编辑：黄海燕　　　　　　　　　　终　审：吴晓鹏

责任校对：张硕杰　　　　　　　　　　责任技编：赵相宁

封面设计：艺点设计　　　　　　　　　插图绘制：李姝琦　李沛儒

印　　刷：北京地大彩印有限公司

开　　本：710 mm×1000 mm　1/16　　印　张：6

字　　数：78 千字

版　　次：2022 年 8 月第 1 版　　　　印　次：2024 年 10 月第 2 次印刷

定　　价：30.00 元

本书如存在文字不清、漏印以及缺页、倒页、脱页等，请与本社发行部联系调换

序

　　不论走到哪儿，天气都伴随着我们，但天气现象是复杂多变的，需要科普为我们架起认识它的桥梁。优秀的科普图书是这座大桥的坚实基础，可以帮助我们感受气象科学精神、树立气象科学思想、掌握基本气象科学知识和方法，并提高和增强应用其分析判断事物和解决实际问题的能力。创作优秀的科普图书，普及气象科学知识，提高全民气象科学素养，促进科技创新与科学普及两翼齐飞，是提高全民科学素质的重要内容，也是实施国家创新驱动发展战略的必然要求。

　　气象科学博大精深，其中与日常生产生活关系最密切的是防灾减灾救灾和应对气候变化知识。我国是世界上受气象灾害影响最严重的国家之一，气象灾害种类多、影响范围广、发生频率高，所造成的损失占自然灾害损失的 70% 以上。特别是在全球变暖的背景下，气象灾害所造成的损失和影响更大，已成为防灾减灾救灾工作的重点。气候变化对自然系统和社会系统都产生了重要影响，已经拉响了"全人类的红色警报"，像持续的海平面上升等变化在数百到数千年内都是不可逆转的。未来，气候变化带来的负面影响程度和风险将加深加重。全球变暖还使得极端天气出现的频率增加。因而，树立极端天气常态化意识，做足常态化防御准备，已经刻不容缓。在这种趋势下，年轻人将成为受气候变化影响最大的人群，因此，越来越多的公众特别是青少年更加关注天气与气候变化，渴望了解更多更新的气象知识。

本书主笔朱定真已从事气象预报、服务和管理工作 40 余年，是中国科协第六批全国首席科学传播专家，曾荣获 2015 年中国"十大科学传播人"称号。年轻时，他是一名天气预报员，现已成为活跃在荧屏上年纪最长的"气象主播"。每逢重大气象灾害发生，他就会作为气象专家在媒体上解读天气，在报道我国灾害特征、普及防灾避险知识、明辨天气事实等方面发挥了重要的科学传播作用，影响数亿观众和网民。他始终以传播气象科学知识为己任，如今，他带着 40 余年积累的气象科学实践和公众科学传播经验，与来自文学、科普等领域的专业人士深度合作，选取多年来在气象科普工作中遇到的公众提问频率最高、舆论场里最热门、与生活密切相关但又容易混淆的问题，深入浅出做出解答，以飨读者。这些问题被归为气象现象、身边气候、生活气象、二十四节气四大类，每类自成一册，四册凝结成"定真气象科普丛书"。

丛书遵照"三分钟了解一个气象话题"的理念，以问题为主线，站在天气预报员的视角，形象化地解答生涩的气象科学问题，内容贴近生活，解读角度新颖，语言通俗晓畅，便于读者轻松阅读。本套丛书的出版不仅能满足读者探索气象奥秘的求知欲，让大家知其然并知其所以然，而且能切实提升大家防范气象灾害的能力和保护生态环境、应对气候变化的意识，传承"天人合一"的思想，践行"绿水青山就是金山银山"的理念。相信广大读者阅读该套丛书后一定会有所收获。

丁一汇

（中国工程院院士）

2022 年 2 月

前言

　　地球被我们赖以生存的大气包围。这层大气就像地球的外套，既创造了孕育生命的条件，也造就了万千气象。与厚达 6371 千米的地球半径相比，大气层只有数百千米高，"天高"还是"地厚"一目了然。但是，大气层的状态和变化时时处处影响着人类，风霜雨雪、四时之景也给人类带来了丰富的喜怒哀乐。从自古流传的"二十四节气"到如今热议的"气候变化"，从神秘惊恐到赋诗赞美，从观察记录到预报预测，从大力抗争到有效利用，人们一直想弄清楚大气层中已经和将要发生的事情以及它与生产生活的联系。随着科学技术的进步，"天有不测风云"一定会成为过去。但在可预见的未来，天气预报仍然无法达到百分之百准确，这便是大气层的神秘。她成就了地球万物，时而愤怒、时而温柔的个性又似乎在教授人类合理利用气象资源的规矩。为了让生命更安全、生活更美好，我们需要不断加深对大气层的认识，适应她、呵护她、利用她。

　　"定真气象科普丛书"（以下简称"丛书"）从科普实践中最常遇到的问题入手，围绕生态文明建设、气象防灾减灾、应对气候变化等热点，结合天气预报员实战经验，紧贴日常生产生活，运用轻松有趣的语言，引导读者了解天气气候现象背后的科学知识，视角新颖、案例翔实、语言通俗，便于读者由浅入深地走进气象科学。

丛书共四册。《云谲波诡——看懂气象现象》聚焦与百姓生活关系最密切的霾、高温、台风、沙尘暴、倒春寒、秋老虎等气象现象，揭秘其形成原因和可能造成的影响，让大家看天气预报看得更明白、看了以后更清楚该怎么做。《冷暖更迭——探秘身边气候》通过"气候变暖的三胞胎""郑和是被什么风吹回来的""风被'偷'了吗"等有趣话题，解析常常困扰我们的气候谜题，并厘清了一些容易混淆的概念。《风雨同行——走进生活气象》剖析了气象是如何像双刃剑一样影响环境、农业、军事、交通、体育、健康等，并且提供了大量运用气象科学提高生活安全性和品质的小贴士。《寒暑相推——解析二十四节气》从天气预报员的角度看节气，随时间推演，呈现出一个个节气的美丽画卷，剖析其物候、时令对应的天气气候现象和气象科学原理，介绍其对生产生活的影响，解释围绕二十四节气的民俗谚语，消除常见误解。

丛书可以帮助读者认识中国的气象灾害和天气气候现象，为我们应对全球持续变暖和极端天气事件带来的灾害提供必备科学知识，也可以为气象爱好者们了解气象科学概念和原理提供参考，还可以帮助更多人深入理解气候系统和自然生态系统"山水林田湖草沙冰"相互依存的关系以及"人与自然生命共同体"的理念，激发大家共同呵护地球家园的热情。

　　在撰写本书的过程中，丁一汇院士、尹传红老师给予了珍贵的指导帮助，谨此向他们致以衷心的感谢。

朱定真

2022 年 2 月

目录

日常生活中的气象门道

鬼斧神工 雕琢山水的气象

　　我们常说，独特的地形地貌和自然景观是"大自然鬼斧神工的造化"。不可否认，这里面有地质活动等的作用，但是风蚀、水浸等气象因素在其间起的作用不亚于地质活动。

"造化钟神秀"有气象的功劳？

　　雨水冲刷、太阳暴晒、风化或强风吹等外力雕琢，都是气象因素用来给大自然打造独特造型的"鬼斧神工"。也就是说，自然景观的呈现少不了气象这个"艺术家"。

　　气象不但能"雕琢"已有地貌，还能在已有地貌基础上"造景"。地球上，热带海洋性气候、热带季风气候、亚热带湿润气候、亚热带季风气候、温带季风气候、温带大陆性气候、高原山地气候等不同气候带的覆盖区域内，植被、地表呈现出不同区域、不同季节个性突出的自然景观。"十里不同天""一山有四季"，难道不就是气象"造"的景吗？

气象能"造景"还能"显景"？

经常旅游的读者，特别是喜欢摄影的朋友都知道，在不同的气象条件下，同一处风景显现出来的景色会完全不同。"断桥残雪""黄山云海""峨眉佛光""吉林雾凇""烟雨漓江"等令人向往的美景都是在特定气象条件下才呈现出来的。因此，要拍出一部好的摄影作品，一定要有一个特定的"好天气"保障。比如，在中午的阳光照射下，照相机里的山峰是一种景象，但是如果早上来拍照，因为太阳照射角度不同，这座山峰在斜射光线下会呈现出另一种景象。而如果雨季时来，瀑布悬挂在山上又是另一种景观。到了冬季，山峰被雪覆盖，或者出现了冰挂，照相机里的景象又不同了。这就好比是气象在描述着大自然的故事，同一个景点，在不同季节、不同天气下，在风、霜、雨、雪、雾、晴的装扮下，尽显她的妖娆万变。"气象显景"的鬼斧神工造就了"四时之景不同"，给人们带来无穷乐趣。

旅游可以用天气选择"菜单"？

天气好坏，对旅游来说，至关重要。兴致勃勃出门，却遇上坏天气，没能看到想看的景色，那份沮丧可真是久久不能挥去。既然气象既能"造景"又能"显景"，那么发挥好气象的这个本领，不久的未来，"智慧"气象服务就可以为游客提供"天气选景"的定制气象服务，即"天气景色预报"——气象部门可以根据游客的需求和愿望制作精细化预报，预先告诉您，某个时间段，哪个地方能够看到什么样的景色，供您选择旅游度假时间和目的地。比如，您想看黄山的云海，那么查看"天气景色预报"，就可以知道，在哪几天中的具体什么时段、站在黄山的什么高度可以欣赏到云海。您也可以查询到，什么时候黄山上会云雾散开，让您能极目远眺看尽"黄山四千仞""下窥天目松"。所以，有了"天气景色预报"的指引，游客在规划行程安排时就可以更有计划、有针对性，就能在恰当的时候到达恰当的地方，欣赏到心心念念向往的美景，再也不用担心千里迢迢白跑一趟了。

未来，还有可能出现一种新的旅游项目——"气象公园"。它不是指实地盖一个以气象为主题的公园，而是另辟蹊径，把现在只看风景的"表面"旅游发展成"气象深度游"。旅游景区与气象部门合作，挖掘当地气候资源，将景区、植被、地貌背后的气候分布、演变原理解说给游客，让游客了解古代气候的变迁、不同气候下植物的特性、地形地势对局地气候的影响以及气候资源利用和保护等方面的知识。这种"气象深度游"，既可以提升"景色"的科技含量和价值，也可以调动游客的兴趣。特别是一些因为气候条件恶劣（比如高寒或者高海拔）而让游客望而却步的地区，恰恰可以利用"极端气候"的稀缺性和挑战性，用"气象公园"的概念开发独特气候下特定人群"极限旅游"项目，将劣势变为特色，从而为当地的旅游业开辟新的天地。

气象灾害
不值得骄傲的"冠军"

根据《中国自然灾害要览》一书中记载，我国发生的自然灾害主要有气象水文灾害、地质地震灾害、海洋灾害、生物灾害和生态环境灾害五大类共 30 余种。在五大类自然灾害中，伤亡人口最多、造成社会恐灾心理最严重的是地质地震灾害，造成经济损失增长最快的是海洋灾害，对农业发展影响日渐严重的是生物灾害，越来越受关注的是生态环境灾害，而造成经济损失最重、影响面最广的是气象水文灾害。

什么是气象水文灾害？

气象水文灾害是指由于气象和水文要素的数量或强度、时空分布及要素组合的异常，对人类生命财产、生产生活和生态环境等造成损害的自然灾害，包括干旱、洪涝、台风、暴雨、大风、冰雹、雷电、低温、冰雪、高温、沙尘暴、大雾等 10 余种灾害。

其中，干旱以华北、华南、东北中部和西南东南部最为严重，是导致粮食减产最主要的灾害。同时，干旱气候导致的缺水还会严重影响当地人民的生产生活。此外，过量抽取地下水，还会诱发地面沉降、海水入侵以及土地沙化、森林草场退化等灾害。可以说，干旱是这些地区各种灾害的导火索。

洪涝灾害主要发生在长江、淮河、黄河、海河、辽河、松花江和珠江等 7 大江河流域的中下游，全国近 1/2 的人口、1/3 的耕地和超过90％的城市受到洪涝灾害的威胁。

我国还是世界上少数几个受热带气旋影响最严重的国家之一，平均每年有 7 个台风在我国登陆，台风引发的暴雨、风暴潮给我国东部沿海地区造成了巨大损失。

气象灾害分几类？

在我国，气象灾害平均每年造成的经济损失占全部自然灾害的70％ 以上，这句话并没有言过其实：在至少 70％的自然灾害中，都有天气的影子。

气象灾害可分为气象原生灾害、气象次生灾害和气象衍生灾害。气象原生灾害，即由气象因素直接致灾的灾害，如暴雨、干旱、台风、冰雪、寒潮、沙尘暴、高温、低温、雷电、冰雹、大雾、大风等。气象次生灾害，是指由气象原生灾害所诱导出来的自然灾害，如山体滑坡、泥石流、风暴潮、洪涝、森林火灾等。气象衍生灾害，是指因气象原生灾害的发生破坏了人类生存的和谐条件，由此衍生出的一系列灾害，如暴雨洪涝引发的瘟疫、社会动乱、人群心理创伤等，又如由干旱引发的生态灾害等。

气象衍生灾害的危害性一点也不亚于气象原生灾害和气象次生灾害，它对社会的冲击可能会造成非常严重的后果。我国有句俗话"大灾之后必有大疫"，就是古人总结了历史上无数次天灾的过程规律，认识到了瘟疫流行就是自然灾害的衍生灾害。我们现在也能看到，在自然灾害发生后，往往会出现一定的盲目避灾、人心恐慌的现象，人们会争相抢购囤积一些可能根本用不上的物资，导致社会秩序混乱，这也属于衍生灾害。随着现代社会信息传播能力的快速提高，灾害发生前后流传的一些不实消息、谣言带来的衍生灾害必须引起政府的重视，百姓也需要提升自己的科学素养，对信息加以判断，防范被骗。

你知道连锁反应的"巨灾链"吗？

关于自然灾害，值得关注的还有严重程度超出一定界限、造成难以承受的损失的巨大灾害。《中国自然灾害要览》一书中定义巨灾有三个指标，达到其中一个就可以认为是巨灾：一是因灾死亡和失踪人口大于1000人；二是受灾人口大于1000万人；三是直接经济损失大于1000亿元。

专家认为，我国目前存在三大巨灾链。第一个是台风巨灾链（台风→暴雨→洪水→滑坡→溃坝→水泛→……），第二个是地震巨灾链（地震→崩塌滑坡→海啸→次生火灾→……），第三个是干旱巨灾链（干旱→风暴→沙尘→酷热→长期缺水→……）。这三大巨灾链，有两个都是起因于气象灾害，它们的共同特点是能够致灾害连发、多灾并发、灾害群发和集中爆发，扩展了灾害危害范围，加重了灾害损失程度。对此，我们必须有充分的认识和足够的警惕。

双刃剑 战争与气象

军事活动离不开气象保障。同时，天气对于军事活动而言也是一把"双刃剑"。

第一张天气图是为战争而画？

大家可能不知道，历史上第一次使用天气图是为了战争。那场战争据说是1853—1856年发生在欧洲的克里米亚战争。当时，因为受到了莫名风暴的干扰，英法联军不战自溃，几乎全军覆没。于是他们展开研究，向各国天文、气象专家发信，收集战场周边的气象信息，并"画"在一张图上，最终凭着这张图发现了天气系统移动的踪迹。这种能够反映天气系统的图，就是最早的"天气图"。随着观测网络和气象学理论

的发展，天气预报员将不同时间（时间连续）、不同高度的天气图放在一起，运用天气学原理进行分析，就能够找出天气系统的移动规律，从而进行天气预报。

天气在军事上的应用自古有之，军事行动在天气的作用下，有的成功，有的失败。诸葛亮"草船借箭""火烧曹营"都是巧用天气的杰作。1944 年 6 月 6 日，第二次世界大战诺曼底登陆战役中，盟军也是在天气预报的"指导"下，密切跟踪"坏天气"，并及时利用天气好转的有利时机实施登陆，而"坏天气"正好蒙蔽了对方，帮助盟军取得了成功。1941 年 9 月，希特勒对苏联发动代号"台风行动"的战役，他们确信能迅速击败苏联军队，甚至带上了准备庆祝胜利的礼服。可是，德军却没有带足够的冬装，随着寒冬到来，希特勒的机械化部队失去了威力，在莫斯科和伏尔加格勒遭遇惨败，第二次世界大战由此发生了历史性的转折。1991 年，海湾战争中，沙尘暴使美军的导弹、卫星、飞机、雷达难以正常工作。2003 年，伊拉克战争中，一次强沙尘暴使美军两架直升机坠毁。天气影响战争胜负的例子数不胜数。

大风、暴雨、大雾、多云、低温、沙尘暴、海浪等，都可能影响武器装备的性能，危及飞机起降、舰艇航行安全，损毁军事设施，改变作战行动计划甚至改变战争结果。

现代军事技术还是绕不开天时地利？

随着军事现代化，天气对智能、遥控武器的影响依然无处不在，特别是精确制导导弹、无人机等，会显著地受到海面上的风浪以及空中的云量、风速、风向等因素的制约。还有一个因素很重要，那就是空气密

度。空气密度会随温度、气压变化，不同的空气密度会造成弹道过程中空气阻力的不同，也会让弹道偏离。所以，不要小看简单的几个气象要素，战时它们会直接影响高精尖武器的弹道和巡航，对它们的掌握差之毫厘、失之千里。可见，一个国家的军事实力也将直接体现在它的气象科技水平上。

战争实践证明，对于任何国家来说，争夺与控制特殊时期的气象信息都是战争的一部分。即使在和平时期，全球可在世界气象组织的规范下交换指定观测站点规定项目的观测信息，但是每个国家对于气象信息的公开都有管理限定，而且气象信息必须由政府指定的部门提供，未经许可提供气象信息或者开展气象要素观测都是违法的。一旦发生战争，交战双方都会想尽办法获取对方准确的气象信息，并用虚假的气象信息来互相迷惑，在那个时候，气象信息也会成为一个"无形的战场"。

设施农业 温室里的风霜雨雪

提起"农业生产"，大家首先想到的是"面朝黄土背朝天"的露天活动，所以认为农业生产受自然环境特别是风、霜、雨、雪的影响比较大，即所谓"看天吃饭"。随着农业现代化的发展，设施农业越来越多。设施农业是指在一定程度上摆脱对自然环境的依赖进行有效生产的农业，往往都是在大棚内种植。不再露天耕种了，是不是就不需要"看天吃饭"了呢？

设施农业还要"看天行事"？

庄稼搬进了室（大棚）内，农民还用担心天气影响吗？答案当然是肯定的，即使是在大棚里种菜，也还是躲不掉气象的影响。

与露天的农田相比，大棚里的环境的确构成了一个与外界相对隔绝的小气候环境，而且这个小气候环境还可以人为控制，成为作物最佳的

生长环境。大棚中的温度、湿度、光照等都是可以调节的，似乎并不受外界天气变化的影响。但实际上，大棚外面的自然环境、天气条件依然能够从两个方面影响棚内植物的长势、质量和产量：一是大环境的总体影响，二是对大棚本身的影响。

首先来看大环境的总体影响。大棚本身是处在自然环境之中的，并非密不透气，不可能与外界真正隔绝。外界温度、湿度的自然变化，依然能够传导到棚内，对作物生长产生影响。正是因为大棚不可能完全屏蔽自然界的影响，所以大棚内部的光、温、湿的人工调控，都要依据外界环境气象要素的变化而变化。当外界天气适宜作物生长时，要尽可能利用自然条件，这样不但能有效改善作物生长环境，而且节能，从而降低成本。当外界天气不利于作物生长时，可根据外界各个气象要素实际水平和棚内作物生长需求的差距，对棚内相应要素进行调节，尽可能制造出与适宜作物生长的自然环境最相似的棚内小环境。比如，当外界温度偏低时，棚内可以加热增温；而当外界过于干燥时，棚内可以补水增湿。因此，外界的气象条件依然影响着大棚内部。

而天气对大棚本身的影响，主要体现在强风、雷暴、暴雨、冰雹、积雪等灾害性天气可能会毁坏大棚设施，导致大棚倒塌、断电或智能设备无法正常使用，最终影响作物的正常生长。

由此可见，像大棚种植这样的设施农业，对于天气变化反而更加敏感，对灾害性天气预报预警信息的需求不但不会减少，反而会随着设施的精细化、高科技化不断增强。所以，就算在大棚里种菜、种水果，对天气的关注一点也不能少。

可期待的出行"套餐" 智慧气象

目前很大一部分气象保障服务是面向公众的。出行气象服务更是日常公众气象服务的重要内容，因为低温雨雪冰冻、大雾、高温等天气都会严重影响公众的出行安全和旅行计划，影响物流运输的效率和成本，影响航空、陆路、水路运输的调度。随着交通沿线监测网站数量增加，气象现代化建设水平提高，以及大数据、云计算、5G 通信技术的进步，气象部门细网格、精细化服务能力明显增强。以前，公众只能接收到"今天夜里到明天，局部地区有时有雨"这种宽泛的出行天气预报。现在，公众可以在出行前通过电脑、手机查询目的地或者交通沿线的天气。行车导航系统还配有精细到路段的实时预报，结合天气影响为出行者提供最佳的行程路线。交通气象服务已经能够初步满足智慧出行的需要。

世界上独一无二的气象服务？

在我国，把出行气象服务能力展现得淋漓尽致的"大考"当数一年一次的春运。春运的特点首先是涉及人员广，这是一场数亿人的"大迁徙"；其次是时间跨度长，从开始到结束，约40天；最后是天气变化大，春运正值春季，民谣云"春天孩儿脸，一天变三变"，这时候的天气往往变化无常。可见，春运气象服务可以称得上是世界上独一无二、复杂且宏大的气象服务"大考"了。

每年做春运气象服务时，天气预报员最关注的就是天气对交通的影响。特别是 1 月，"三九""四九"时经常出现的低温雨雪冰冻、大雾等天气对水路、陆路运输都非常不利。2008 年 1 月中旬至 2 月上旬，我国南方地区连续 4 次遭受 50 年一遇的低温雨雪冰冻极端天气过程袭击，其中贵州、湖南等地的低温雨雪冰冻天气为 100 年一遇。这场极端灾害性天气在 20 天内，使雪景变雪灾，导致国道中断、交通受阻、通信不畅……严重的路面结冰现象和输电故障，致使京广铁路、京珠高速公路等交通大动脉运输受阻，民航机场被迫封闭。而此时适逢一年一度的春运大潮，外出务工人员大量返乡，人流拥堵与断路、断电事故叠加出现，导致雪上加霜。这场冰雪之灾造成了令人难以忘怀的严重影响和破坏，也成为交通气象服务史上的重大案例。

"贴心套餐"气象服务？

对于春运这个独一无二的、复杂且宏大的气象服务项目，气象部门需要提前很长时间就开始做准备，分析天气形势。一是要尽早给有关部门提供长期预报预测，让各部门提前做好预案；二是针对关键时期作出长期、中期、短期预报和 1 ～ 3 小时临近预报，提供事前、事中、事后"套餐"服务。譬如，节前提供全国道路交通影响预报、海上大风预报等出行天气预报服务，方便返乡、旅游出行和采购年货的人们制订计划，便于商家、企业安排仓储物流的调度和年货的运输，客运部门更是可以依据天气预测情况调度车辆。这类预报属于中长期预报，而且是跨省市沿线预报。节日期间，很多人要走亲访友，气象部门会重点为大家提供目的地和出行沿途的天气预报。近些年，在可以燃放烟花爆竹的地方，气象部门还会提供污染物扩散条件预报，让大家的年过得既热闹又环保。

随着天气预报"智能化"水平和多媒体传播手段的提高，公众已经可以定制"气象保障套餐"，做到边查天气边收拾行李了。对于政府部门，"智慧气象"将融入"城市大脑"，帮助提升政府治理能力。依据大数据采集的人员动态信息（如机票、火车票订购信息等），当智能天气预报发现一些天气系统可能要影响人流密集的地方时，会"智能化"分析出它对人流移动方向下游的影响程度、影响时间，然后自动向覆盖地域的人群发出预警和相关提示，便于政府及时采取措施，化解治理难题。

舌尖上的气候 口味天注定

老辈儿人摇着蒲扇挂在嘴边念叨的"一方水土养一方人"，说的是气候影响人。这句老话儿背后也有科学原理——一个地方的气候决定了一个地方的动植物生态，一个地方的动植物种类、数量和分布又决定了一个地方的食材特性，而具体的食材特性又决定了何时和怎样烹饪食物，最终形成了一个地方的饮食习俗和习惯，赋予每个人走出半生也难以改变的喜好和乡愁。

名厨都是物候学专家？

没错，每个地方的名厨应该都是当地的物候学专家。他们对于应季食材的挑剔，完美体现了他们对当地气候的理解。物候学是把气候或气象在各个时期的变化同自然界其他现象联系起来研究的科学。物候学认为，由于气候分布的地带性和非地带性，物候现象随纬度、经度和高度的变化具有推移性的特点。我国地域辽阔，从南到北的饮食习惯随气候呈现出各种各样的变化。从物候学角度看，各地食材的分布和特性也显然与当地气候条件密切相关。就主食而言，我国有"北面南米"的说法。我国北方降水较少、气温较低，耕地多为旱地，气候非常适宜小麦的生长。所以，北方的主要农作物是小麦，北方人自然以面食为主食。南方气候湿热、降水丰沛，适宜水稻等农作物的生长。所以，南方的主要农作物是水稻，南方人多以大米饭作为主食。

除了作物，各地的烹饪习惯也是适应气候而生的。比如，凭借江湖分布优势而出现的江苏"长江三鲜"，凭借湿热气候而产生的安徽"臭

鳜鱼",为了除湿热而广受喜爱的重庆红油火锅,为了补充冬季蔬菜短缺而成为东北人家必备食物的泡菜,为了抵御高温高湿并补充营养而形成的广东煲老汤,等等。

八大菜系谁和气候不是"亲戚"?

我国有川鲁粤闽苏浙湘皖八大知名菜系,这八大菜系无不诞生于自古物产丰富的地区。古时候各地之间的物流远没有现在发达,因此人们在食材上没有太多选择,通常是当地出产什么就吃什么,沿海的多海产品,靠山的多山珍。饮食调制上,也都是针对本地的出产品种和气候特点,尽可能地发挥创造,自然而然形成了区域性的烹饪特色。可以说,饮食与气象有一种"亲戚关系"。我们在研究过去的气候时,甚至可以根据这样的"亲戚关系",从某地历史记载的饮食特点反推出当时这些区域的气候特征。

口味天注定很有道理吧？

口味与气候也密切相关。我国北方冬季寒冷干燥，夏季温和多雨，气温年较差大。冬天天寒地冻，蔬菜绝迹，北方人便提前用盐把新鲜蔬菜腌制起来，留到冬天慢慢"享用"。这样一来，我国北方人便形成了爱吃咸食的习惯。我国华南多雨，光热条件好，盛产甘蔗，制糖便利，那里的居民自然也就养成了吃甜的习惯。因此，又有了"南甜北咸"之说。湖南、四川等地气候湿润，空气湿度大，人体排汗相对困难，吃辣椒便是一种非常好的催汗方法，能起到祛湿的作用，所以那里的人们普遍嗜辣。

天注定的口味，一生都难以改变。幸好如今物流发达，产自不同地域的甚至反季节的食材都很容易得到，身在异乡的人们也可以方便地吃到家乡的味道，用一碗乡愁抚平漂泊的孤寂。

运动气象学 护航奥运

　　气象对于竞技运动的利弊影响贯穿训练、比赛的全过程。在历次奥运气象服务筹备工作中，气象工作者都会专门邀请奥组委体育部多个项目的负责人介绍可能影响比赛的气象问题，气象专家也会受邀到奥组委为裁判和官员讲解气象知识，特别是比赛所在地的天气气候背景。这样精心的准备是为了保障运动会的正常进行、运动员的正常发挥、观众观看的积极性以及运动员和观众的安全。同时，精心的准备有助于细化奥运气象服务实施方案，提高气象保障服务方案的针对性和人性化。

　　奥运会是世界最高水平的综合性竞技体育盛会，运动员们的实力都十分接近，天气对运动员成绩的影响也就更为敏感和重要。在室内项目上，是否掌握场地内"小气候"的分布，对运动员能否取得好成绩也是至关重要的。天气预报服务可以帮助运动员做好应对不利天气的心理和技术准备，帮助赛事组织者做好应急预案、及时调整比赛日程。

针对奥运赛事的具体服务有哪些？

第一类是对比赛本身造成限制的气象条件。比如狂风暴雨限制了各项室外赛事的进行，在 35 ℃以上高温、70% 以上高湿的天气条件下比赛，可能造成运动员中暑休克，如无有效预防措施，应暂停赛事。

第二类是影响运动员比赛成绩的气象条件。不适的天气会影响运动员的发挥和成绩认定。例如，逆风使短跑成绩下滑，顺风则使成绩提高，风速超过规定则会导致成绩不被认可。但是换一种项目，如投掷，逆风则可使成绩提高，而变化的侧风则会影响正常动作发挥，甚至引发危险。在冬奥会上，温度还会影响雪地的干湿程度——温度过低会使积雪过硬，温度过高则会使积雪过于松软。降雪对雪地也有很大影响——新雪过于蓬松，不利于运动员掌握平衡；雨夹雪会导致积雪出现冰晶层；暴雪会使雪道能见度变差，从而导致滑雪者容易偏离雪道闯入危险区。

第三类是影响运动员体能发挥的气象条件。这类气象条件，或让运动员体能发挥失常，或有利于运动员超常发挥。例如，适宜的温度能使运动员发挥体能的效率较高，而温度过高或湿度过大不仅影响人体排汗和体热散发，还会使运动员吸入的氧气量明显减少，从而影响运动员体内二氧化碳的代谢，抑制运动员的体能发挥。

室内运动同样会因气象要素（温度、湿度、室内气流的扰动等）变化而影响成绩。冬奥会滑冰比赛要求冰面光滑寒冷，冰温在 -6 ℃或 -7 ℃左右。但是，室温必须在 14 ℃以上，有温暖如春的感觉。

为了趋利避害，各国运动队都高度重视赛事当地的气候条件和天气动态。各国运动队都会尽量提前到达比赛地进行适应，不少国家还带有"气象专员"随队服务，掌握当地气象的第一手资讯。同样，主办国运动员也会因对本国赛场了解，拥有"天时地利人和"的优势，更容易创造好的成绩。

冬季奥运会对气象条件有什么特殊要求？

在选择冬奥会主办城市时，国际奥委会要求当地满足 2 月平均气温低于 0 ℃、降雪量大于 30 厘米的核心气象条件。以往冬奥会主办城市都位于中高纬度地区，达到这两项指标的概率均大于 90％。而 2022 年北京冬奥会和冬残奥会，是第一次在大陆性季风气候区举办的冬奥会。大陆性季风气候的特点是低温、大风、干燥和少雪，这种气候特点对雪上项目赛事影响比较大，气象服务的难度更高。从 2018 年开始，我国气象工作者就在河北和北京延庆等地的高山滑雪场地组织开展奥运赛场微气候观测，在所有竞赛场地总共建设了 45 个气象站，增加了与奥运赛事有关的风廓线、水温、沙温、酸雨、花粉、紫外线、负离子等特种观测项目。此外，还开展了针对轨道交通、直升机救援等的特殊冬奥气象服务，全面满足冬奥会比赛对气象保障服务的需求。

医学气象学 天人合"医"

天气、气候的变化和人体的生理活动、健康状况密切相关。任何健康的生命系统都具有正常的防卫机制，或排斥入侵的有机体，或抑制非正常生长的细胞，而这种机制有效与否与其所处的环境密切相关。早在两千多年前，我国的中医学理论就已经揭示了这个道理。古人认为，自然界的"六气"归纳为"风、寒、暑、湿、燥、火"。"六气"如果不正常、不协调，该发生时不发生，不该发生时却发生了，比如天该变热的时候冷，该转冷的时候热，该下雨的时候持续干旱，该干燥的时候阴雨连绵，那就成了"六淫"，"六淫"极易诱发人体各种各样的疾病。

什么是医学气象学？

现代医学已证明，气候变化可以影响人们的身体舒适程度和情绪变化，甚至"塑造"人的容貌、性格和行为模式。那么，哪些天气、气候因子与人体疾病有关系？有怎样的关系？它们又是怎样作用于人体的？我们能否对这类天气因子进行预报，进而预测人体某些疾病的发生概率或发展程度，帮助公众和医疗部门提前采取防范措施而达到防病、保健的目的呢？这是需要气象专家与医学专家共同研究的课题。由于这个课题与公众生活密切相关，与救治病人密切相关，所以近年来国内外学者都积极研究，开创了一个集大气科学、医学、生物学等学科为一体的应用领域——医学气象学。

研究表明，不论是季节转换还是天气过程影响，各种气象要素都会发生波动，人体的生理机能也将随之变化。如果这种变化过于剧烈，人

体无法调节，器官就容易出现功能障碍，进而生病。气象因子除了可直接作用于人体，产生生理性和病理性影响外，还可以影响生物致病因子，而后作用于人体，引发一些次生疾病或造成传染病的流行。

医学气象学研究什么？

研究证实，低温、低湿或高温、高湿的天气，最易诱发心肌梗死；阴寒天气常常是哮喘病发作的高峰期；气温、气压、湿度剧烈变化时，关节病患者疼痛就会加剧，急性阑尾炎、胆绞痛等的发病率也会剧增；在气温高、湿度大、气压低的闷热天气里，人容易中暑。另外，如果温度、湿度条件适合细菌、病毒的繁殖，胃肠道疾病和各类传染病便极有可能流行。

大气污染也是影响人类健康的重要因素。其中，污染物飘尘（比如PM$_{2.5}$）随呼吸道进入人体，是诱发或加重人类呼吸道疾病的重要原因，而其浓度与气象条件密切相关。大气近地面逆温层的存在，可造成污染物的滞留，加重污染。在我国，冬季取暖时，大气中一氧化碳、二氧化碳、二氧化硫、氮氧化物含量会大幅升高。一氧化碳能削弱血红蛋白向人体各组织输送氧的能力，损害神经中枢。长期接触低浓度二氧化硫，会出现倦怠、乏力、鼻炎、咽喉炎、支气管炎、味觉障碍、感冒不易康复等症状。二氧化硫还可造成酸雨，对儿童、青少年体质危害很大。有调查发现，与清洁地区相比，酸雨污染区的儿童身体状况不容乐观，哮喘发病率增加，血压下降，红细胞及血红蛋白偏低，白细胞数较高，一些呼吸道症状如咳嗽、胸闷、鼻塞、鼻出血的症状增多。另外，在自然状态下难溶于水的铅元素，在酸性水质中可被激活，从而呈现可溶性，被人体吸收。铅中毒会导致痴呆，因而酸雨被认为是老年性痴呆发病率上升的原因之一。

虽然大多数与天气、气候和人类健康有关的研究工作才刚刚开始，但已为人类采取相应的防范措施提供了科学依据。在气象工作者和医学工作者的共同努力下，已经有了人体舒适度、风寒指数、紫外线强度指数、霉变指数、空气污染潜势、中暑天气条件指数等医学气象学天气条件指数。这些指数成了指导人们生产生活、防病治病、保障健康的新型信息源。通过气候评估而确定的"天然氧吧""避暑之都"也纷纷应运而生，成为人们提供生态养生休假的好去处。

可以相信，医学气象学的成果将随着人们生活水平、生活质量的提高，发挥愈来愈重要的作用。

揭秘天气预报

预报用语 天气预报不难懂

"今天夜里到明天白天……"，天气预报随着越来越通俗的解说和越来越广泛的传播，影响也越来越大。读者会说："谁会听不懂天气预报呢？"事实上，真的有很多人并没有听懂天气预报。不信测试一下：今天白天、下午到夜里、今天夜里、夜里起、午后到上半夜、今天白天到夜间，这些时间段具体是从几点到几点呢，你知道吗？

你听懂天气预报了吗？

天气预报在媒体中播报的时间是有限的（一般 2 ～ 3 分钟），所以，发布天气预报时要求语言凝练，言简意赅。同时，为了避免歧义，用语也尽量统一，就出现了一批天气预报标准用语。可是，老百姓未必能尽数掌握和理解这些标准用语所代表的含义。譬如"今天夜间到明天白天"，是指今天几点到明天几点，如何区分"局地性阵雨"和"分散性阵雨"，什么是"天气""灾害天气""次生灾害""衍生灾害"，等等。

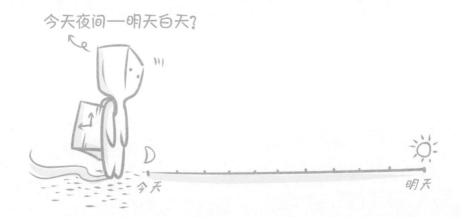

今天夜间—明天白天？

今天　明天

所以，必须弄懂天气预报中一些常见词汇的意思，才能听懂天气预报。例如，"天气"是指短时间（几分钟到几天）发生的气象现象，如晴雨、雷电、冰雹、台风、寒潮、大风等。"灾害天气"通常指能致灾的天气，如旱、涝、高温热浪、低温冰冻等。

天气预报在预报降水时，常常会用"有时有""局地会有""分散性降水"等说法。这是因为自然界中的降水常常不是预报辖区涉及的整个区域都下，而是在这片区域（一个省）中的若干个相对小（不一定相连的几个县乡）的范围下，所以说是局地性的降水。这种"局地性"从面上来看，它就是分散性（不连成片）的、比局地覆盖面大的降水，气象学术语叫"离散性"的降水。所以，天气预报用"分散性降水"来表达更多地方"局部有时有降水"，向公众提示这次降水是分散的、不均匀的。

天气预报中另外一个常见的说法是"阵雨"。预报有阵雨，意思就是有"一阵一阵的雨""下一阵就能停的雨"。也就是说，会下雨，但不确定是"哪一阵"，即无法明确阵雨在几点出现、几点结束。

天气预报中还常常出现的是"雨量"和"雨强"。这两个词，仅一字之差，也都指降水的大小，但意思却相差甚远。"雨量"，指一次降水过程的总量。一次降水过程，可能下几个小时，也可能下三五天，所以有了"过程雨量"这个说法，用来说明这次降水过程的累计雨量。而"雨强"则是指单位时间内（一般是一个小时）雨量的多少，更加突出地表达了降水的"强度"，与致灾可能性关系更大。比如，三天下100毫米的雨量与一个小时就下60毫米的雨量，对于生产、生活的影响程度是明显不同的。前者的强度明显小于后者，一般而言造成的影响也会小于后者。现在的气象预报中，"雨强"这个术语用得越来越频繁了，公众可以依据预报的雨强，提前制订相应的防范措施。

预报时效用语，你知道吗？

下面列出了天气预报中经常使用的预报时效用语，希望帮助大家了解每一次天气预报究竟在提醒我们注意哪个时间段的天气。

凌晨：01—05 时；

早上：05—08 时；

上午：08—12 时；

中午：11—14 时；

下午：14—18 时；

傍晚：18—20 时；

晚上：20 时—次日 05 时；

今天白天：08—20 时；

下午到夜里：14 时—次日 05 时；

今天夜里：20 时—次日 05 时；

夜里起：23 时起；

午后到上半夜：12—24 时；

今天白天到夜间：08—24 时；

今天夜里到明天白天：20 时—次日 20 时；

今天夜里到明天：20 时—后天 08 时；

有时有：间断性的、短时现象。

掌握了上述用语后，应用天气预报的信息就更加得心应手了，对于我们安排生产生活活动也更加方便了。

气象预报员 常留遗憾的职业

如果说天气预报的制作过程是一根产业链条，那么大家看到的"天气预报"只是这根链条最末端的一环。链条的最上端是气象学理论的研究支撑。之后需要脚踏实地进行气象要素的观测和监测，比如温度、湿度、能见度、天气现象等。再后面是应用理论研究的结果通过计算机进行数值模拟。随后值班预报员通过积累的经验对搜集到的观测信息进行综合处理和判断，得出预报结论。最后将预报结论传播给公众。公众看到的《天气预报》节目只是最后的传播效果，真正的天气预报制作流程大部分发生在人们看不到的地方，是大批气象工作者合力完成的。

很多人觉得，气象工作就是每天看看云、看看太阳，应该很有意思。事实上，气象工作远没有看起来那么轻松，看云看太阳也并非大家想象中的那么浪漫。

如何理解气象预报员的遗憾？

与很多行业一样，预报员要从"学徒"开始，由师父带着启蒙，最开始当助手，分析天气图、听师父们会商（讨论气象预报的理由、结果）、学习建立预报思路，慢慢才开始参与气象会商讨论，直到"满师"（一般需要两三年）才能开始单独值班做预报并且继续积累经验。

预报经验有很强的地域性。中国东西南北跨度很大，跨越多个气候带，不同气候带的天气表现是不一样的。气象学书本上讲的都是一些非常经典的天气过程，但实际工作中面对的气象是千变万化的，复杂程度远远超过想象，甚至同一座山的前后，做天气预报需要应用的预报经验都不一样。当一个预报员从一个气候区调到另一个气候区工作时，之前的许多经验都会不再适用，必须重新学习和累积。

对一个天气预报员来说，准确预报天气是最大的追求。但是，因为天气学理论以及大气变化监测等发展水平的限制，没有人能够做到百分之百地准确预报未来天气。预报员就是在这样的遗憾中成长的。当然，在与变幻莫测的天气斗智斗勇中把握天气变化的脉搏，也是天气预报员的"乐趣"所在。

为什么天气预报要用到最快的计算机？

人们平常所说的计算机天气预报指的是数值天气预报，即把现实中的物理现象描述成数学模型，通过计算机演算来推演这些物理现象将如何发展、会引发什么样的结果。"天气模拟"过程涉及的变量非常多，需要集合大量的信息才能反映天气的变化特征，这就需要巨大的计算能力，越大越好，没有"上限"——无论计算能力提升到多高的水平，对数值预报来说都是不够用的。现在流行的"云计算""大数据"，在气象的研究和应用中早就不是什么新鲜事了。

气象观测期待融入新技术？

天气预报除了需要最强的计算能力，还需要准确的观测信息。如今全球范围内建设了许多气象观测站，且数量还在不断增加，但依然无法满足气象研究和预报的需求。理想状态下，我们希望观测站均匀地分布在地球表面，最好顺着经线和纬线的方向每隔1千米就设立1个站。然而，即使不考虑在大海中央建观测站的难度，在陆地上也难以实现这种建站目标。此外，仅在地球表面建观测站是远远不够的，毕竟我们要模拟的大气层并不只有一个薄薄的平面，而是立体的。在大气的不同高度需要设立立体"观测站"，这就需要遥感技术，需要卫星从天上进行观测。通过卫星遥感技术，我们能够将大气中不同层次的物质反应和运动规律反演出来。现在能够很好地预报台风，正是因为台风的体积通常较大，在海上刚刚形成的时候，我们通过卫星就能看到它了，之后它的发展、运动，我们也能做到一目了然。但是短时间内生成的、小尺度的系统常常还不能被及时捕捉到。期待新技术出现，让我们看得更广、更多、更细致。

气象学的发展能体现国家的国力？

　　气象系统是一个开放的系统，会受到各个方面的影响，天气演变的过程非常复杂。无论是太阳光的照射，还是海水的流动，都会影响大气变化。即便是最常见的下雨，也并不是简单的"北方冷空气和南方暖湿气流交汇"的结果。气象学的研究对象不单单是刮风下雨，而是从海洋到太空，涵盖了由大气圈、水圈、岩石圈、生物圈、冰冻圈组成的"五大圈"。除了基础科学，气象学还需要用到最尖端的科技。无论是最强的超级计算机，还是最新的探空卫星，都会第一时间应用到气象学中，说气象学的发展代表了一个国家的国力一点也不夸张。但人类目前对气象科学的认识依然是很有限的。气候系统到底怎样"运转"，每一次天气过程中到底是谁在起主要作用，气候在怎样变化、又怎样影响各地的天气，雨到底是怎样形成的，不同的雨为什么有不同的"性格"……还有许多气象之谜有待解答，天气预报员要完全准确地预报天气还有很长的路要走！

未来预报 AI 预报员上岗

目前，AI（人工智能）的主要作用，是给人类的判断提供基础支撑，因为机器能够在相对短的时间内"吃"进海量的气象数据，并渗透神经网络各个层级，对这些数据进行分析、学习，成为人类身边阅"图"无数、经验丰富的参谋。

AI 是否能独立对天气做出预报？

在可以预见的未来还不能！天气预报需要考虑的影响因素很多。天气、气候是一个开放的系统，从地到天的水圈、岩石圈、生物圈、冰冻圈、大气圈都对它有影响。在实际应用中，做天气预报需要获取的不仅仅是数据，还有实况（真实出现的天气）。目前通用的预报方式是反查对比预报与实况的差别，进行回溯性分析研究，然后再改进。如同医生看病一样，要看判断结论和实际情况能不能对应上，如果不能对应，需

要分析问题出在哪里，从而改进诊断方法。预报天气是一个学习、改进、再学习、再改进的周而复始的渐进过程。

AI 的原理，是用人脑对物理现象做出判断和规律性的总结以后，把这个物理规律变成数学公式，然后由计算机进行运算、自学习、再运算。实际上，人工智能在气象领域并不是新生事物。20 世纪 90 年代，气象部门就开始应用一种叫作预报"专家系统"的人工智能系统。这种系统将预报员总结的预报经验整理成"决策树"状知识体系、逻辑关系，然后用计算机 Prolog、Lisp 编程语言做成有一定自学习能力的客观预报系统，应用于预报工作。受当时应用软件和计算能力的限制，这个系统并没有发展起来，但它的原理和现在的人工智能应该是一样的，都是以预报员的经验总结为前提，然后才谈得上运用计算机的"智能"。

天气现象的分析判断和验证总结，都是人类对物理现象背后规律的理解。如果人类理解不准确，依托于这些理解而建成的数学模型就不能反映实际天气的演变规律，在这种情况下，计算机能力再强也会无的放矢。所以，"人工智能"还是离不开人！

天气预报永远离不开人吗？

计算机运用逻辑和算法解决"普适性"问题，这种把思维"智能化"的技术可以提高运算速度，可以在更短时间内处理（学习）更多的信息，可以不受情绪的影响保持计算水平的稳定，从而提高预报的准确率和时效。所以，在一定程度上，计算机可以弥补预报员的某些"短板"。但是计算机的这个优势又恰恰会"平滑"掉对于天气预报最关键、对公众影响最明显的小概率灾害事件的"关注"。对"已经存在事件"，计算机可能比人类反应更快。但是，对于小概率、疑难天气事件和突发性天气事件，计算机还不可能替代预报员。机器通过较少的样本自学习，掌握天气事件规律是非常困难的。人类需要进一步探索突发、小概率天气事件发生发展的规律，然后才能交给计算机协助处理。所以，让人工智能在天气预报上发挥更大作用，其关键并不在于提高人工智能本身的能力，而在于计算机科学（包括人工智能）必须与不断发展的气象科学结合发展。AI 不可能独当一面，纯计算不可替代气象科学。只有预报员与计算机更好地结合、协作，才能继续提高天气预报准确率。未来的预报员应该是具备气象专业知识和 AI 技术应用能力的跨学科综合人才。

世界气象日 谁发的"出生证"

1947年9月，国际气象组织在华盛顿召开会议，审议并通过了《世界气象组织公约》。1950年3月23日，这一公约正式生效，国际气象组织更名为世界气象组织（WMO），并在1951年成为联合国的专门机构，总部设在瑞士日内瓦。中国也是世界气象组织的创始国之一。

世界气象日"出生证"是谁发的？

1960年6月，世界气象组织通过决议，把每年的3月23日定为世界气象日，以纪念1950年3月23日《世界气象组织公约》生效。世界气象日又称"国际气象日"，是世界气象组织成立的纪念日。从1961年开始，每年的这一天，世界各国的气象工作者都要围绕一个由WMO选定的主题进行纪念和庆祝。每一个主题都集中反映人类关注的气象问题，以提高世界各地公众对与自己密切相关的气象问题的认识。

世界气象日主题有哪些？

每年的世界气象日都有一个主题，主题主要围绕气象工作的内容、主要科研项目以及世界各国普遍关注的问题选择。世界气象组织要求各国成员在这一天围绕该主题举行庆祝活动，并广泛宣传气象工作的重要作用。例如，最开始的前三年，1961年世界气象日的主题是"气象"，1962年的主题是"气象对农业和粮食生产的贡献"，1963年的主题是"交通和气象（特别是气象应用于航空）"。近些年来的主题更多聚焦于

气候系统和气候风险。例如，2013
年"监视天气，保护生命和财产"；
2014 年"天气和气候：青年人的参
与"；2015 年"气候知识服务气候
行动"；2016 年"直面更热、更旱、
更涝的未来"；2017 年"观云识天"；
2018 年"智慧气象"；2019 年"太阳、
地球和天气"；2020 年"气候与水"；
2021 年"海洋、我们的气候和天气"；

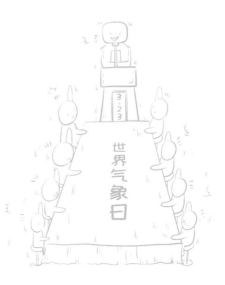

2022 年"早预警、早行动：水文气象信息，助力防灾减灾"。

开展世界气象日活动，主要是为了使各国群众更好地了解世界气象
组织的活动情况，以及气象部门在经济和国防建设等方面所做出的卓
越贡献，唤起人们对气象工作的重视和热爱，推广气象学在航空、航海、
水利、农业和人类其他活动方面的应用。

我国的世界气象日系列活动由中国气象局、中国气象学会联合组织
全国气象部门开展，并以此为契机，加强气象科普宣传，展示部门形象，
增进社会对气象工作的关注和理解，发挥气象科普在防灾减灾及全民科
学素质工作中的重要作用。通过举办专家报告会、咨询会，发放宣传品，
线上线下互动体验等形式，世界气象日活动可以提高社会公众普遍的气
象科学认知水平。现在世界气象日活动越来越强调应对气候变化、防灾
减灾和百姓生活关系的科普融入，加大对自然灾害暴露度高、脆弱性强
的边远地区、贫困地区及气象灾害多发、易发地区的科普宣传力度。

对于公众来说，每年向他们开放气象台站、观测站（场）、气象
科普馆（展厅）等科普场所的世界气象日活动都是了解气象科学的大
好机会。

警戒水位 生死刻度线

　　每年一入汛，南方很多地方的降雨量都非常大，有些地方还会出现洪涝灾害。汛期，我们常会听到新闻里报道某地的河流水位超过了"警戒水位"，那么这个警戒水位的标准是全国所有河流统一的吗？事实并非如此，不同的河段和河道，警戒水位会有所不同，其标准是依据防汛部门长期以来积累的经验、河道的洪水特性以及河道所在保护区的重要性，由当地潮位站和防汛部门共同设立的。

"水位"有多少种？

为了能在启动防汛措施时做到有的放矢、科学应对，同时又控制成本，防汛抗旱部门将汛情水位的变化按影响程度不同给出了不同的"水位"称呼，如"起涨水位""洪峰水位""警戒水位""保证水位"和"防洪限制水位"。"起涨水位"指一次洪水过程中，涨水前最低的水位，河水就是在这个基础上涨起来的。"洪峰水位"指一次洪水过程中出现的最高水位，按日、月、年进行统计，可以分别得到日、月、年最高水位。当水位继续上涨达到某一水位使防洪堤可能出现险情时，这一水位即定为"警戒水位"，此时防汛护堤人员应加强巡视、严加防守，随时准备投入抢险。"警戒水位"的标准要因地制宜，首先要考虑河域两侧地区的重要性，譬如是否有大中城市、是否有比较关键的产业基地、是否是人民财产比较集中的地区。其次要考虑河流堤坝的建设标准、工程现状如何以及洪水的特性等。根据以上这些因素，当地防汛部门会定一个警戒水位线，一旦河段水位超过了这条线，大家就要提高警惕。

在警戒水位之上，还有一条更严重、更危险的水位线，那就是"保证水位"。保证水位实际上就是指这段堤坝的安全极限，一旦达到或超过，堤坝的安全就失去了保证。按照防洪堤防设计标准，应保证在此水位时堤防不溃决。有时也把历史最高水位定为保证水位。当水位达到或接近保证水位时，防汛进入紧急状态，防汛部门要按照紧急防汛期的权限，采取各种必要措施，确保堤防等工程的安全，并根据"有限保证、无限负责"的精神，对于可能出现的超过保证水位时的工程抢护和人员安全做好积极准备。"防洪限制水位"，是指水库在汛期允许蓄水的上限水位，这关系到防洪和蓄水的结合问题。

设立水位线有什么作用？

不同的水位线对应着防汛部门需要采取的不同措施。并不是说河水到了某一条线就一定会发生险情，一定会出现灾害。设立水位线，是一种启动防御措施的触发警觉和响应的防灾机制。

降水是汛情发生的根源（融雪性洪水除外），汛情严重程度主要看水位高低。每一次江河水位上涨，要么是因为当地以及周边地区出现强降水或者持续性大雨，产生的径流汇集到河流中；要么是当地上游地区出现了强降雨，产生向下游的"客水"，引起洪峰过境。水利部门可以针对这些情况，以科学的调度手段对上游水库进行消洪、泄洪、蓄洪，减轻对下游的威胁。所以，要做好防汛工作，首先需要准确预报相关流域的降水情况，再根据"面雨量"（一定面积区域上的降雨量）分布和形成径流的对应情况，预测江河水位可能的涨幅变化，并做好预案，最后根据实际水位和洪峰的情况采取防范措施。未来随着天气预报准确率的提高、水利设施的完善以及科学调度智能化管理水平的提高，汛情的威胁将越来越可控，各类水位的风险标准也可能发生变化。

雨量 解读降水量

天气预报里说到对降水量的预测时，会给出一个数值范围，用来表示未来某个时刻的降水量可能在多少毫米到多少毫米之间。这种表述方式显得不那么直观，所以有人调侃："降水量的级别嘛，就是看从外套到内衣，湿到第几层。"这句玩笑话反映出大家的疑问：为什么气象部门不能给大家提供更加通俗易懂的降水量预报呢？

雨强、降水量，傻傻分不清？

下雨的时候，公众可以亲身感受下了多少雨、雨下得大不大。但这种感受因人而异，而且这种感受更多的是对"雨强"而不是"降水量"的感受。降水量就是一定时间内累计降雨的总和（统计时常用 6 小时、12 小时、24 小时，甚至一次持续几天的降雨过程）。雨强指降雨强度，在防灾减灾方面具有实际警示意义，用短时间内（如 3 小时或 1 小时等）的降水量来表述，雨强可以比较方便地说明雨下的猛烈程度（强度）。

非专业人士在下雨的现场可以通过"能见度的影响"和"落下的声音"来判断雨强。例如，地上稍微有一点湿，雨轻飘飘地落下，几乎听不见声音，那就是"小雨"。如果说雨下得落地有声了，而且雨滴落下时有溅水的现象了，那么应该是"中雨"了。当能见度开始下降，而且下雨的声音也非常响时，估计就是"大雨"了。如果像整盆或整桶水直接倒下来一样，那一般就是"暴雨"及以上量级了。所以，生活中我们可以从雨的声音或者能见度，甚至雨滴打在手上的感觉来判别这场雨的

强度如何，属于哪一个"民间"降雨级别。从衣服淋湿的程度来判别雨强，也没问题。有兴趣的读者还可以将自己的感受总结和积累并与气象台预报的量级配合着看，今后对雨强的判断就会越来越准确。当然，要想知道实际雨量的多少，除了考虑雨强之外，还要考虑下雨持续的时间。

但是，从气象科学的角度而言，只有标准化的数据才能为专业人员做预报、做监测、做研究提供有效的数据支持。所以，专业人员必须用统一的仪器、统一的标准来测量。气象部门通常用标准化衡量器——雨量器来观测降水量。

雨量为什么有等级？

雨量分等级是为预报和服务用的。因为有了标准化的雨量等级，就能够以此为基础，根据同等雨量下对不同地区、不同季节人们生产生活的影响进行不同的预报预警服务。我们说的雨量，是指"单位面积某一时段内下的雨"。为了排除蒸发、流失、渗透造成的损耗，真正的雨量是指在一个标准环境下，规定的面积上积累的雨水的深度。

气象工作者使用雨量筒来测量雨量。雨量筒的底面积是一定的，上下直径也一致，都是20厘米。雨下进去以后，不会溅出来，也不再蒸发（当然这不是完全百分之百，只能说在相对条件下）。然后用专用量杯量出雨水的累积深度，这个深度即雨量，气象上叫"降水量"，通常以毫米为单位。以上是传统的人工测量降水量的方法。随着气象观测自动化，目前我国的气象台站已普遍使用翻斗雨量传感器自动测量雨量。翻斗雨量传感器的承水器直径和雨量筒一样，也是20厘米。它根据脉冲计数原理计算雨量，能实时测量出每分钟的雨量。我们经常说的"小雨、中雨、大雨、暴雨"，就是这样测量出来的。

在用数值表示雨量等级时，一般按照 24 小时也就是日降水量来划分。例如，24 小时降水量不超过 10.0 毫米为小雨，10.0 ～ 24.9 毫米为中雨。

下雪的降水量和强度是怎么测量的？

无论是雨量还是雪量，气象上统称"降水量"。目前有两种表示降雪强度的方法，一种是测量积雪深度；另一种是把雪、雨夹雪、冰雹等固态降水融化成水，采用称重式降水传感器，用和测量雨量同样的方法来测量雪的强度。

虽然降雨量、降雪量都是降水量，但它们的等级算法并不一样。雪的量级和雨的量级是两个独立不同的标准。人们对下雨和下雪的感受不一样，雨、雪致灾影响也不一样，气象部门对雪量测量的要求比雨量更"严格"。比如，如果是雨，日降水量达到 50.0 毫米为暴雨；而如果是雪，日降水量达到 10.0 毫米就是暴雪了。因此，暴雨和暴雪的预警标准也是完全不同的。

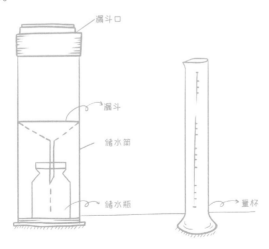

漏斗口
漏斗
储水筒
储水瓶
量杯

"好天气"的异议 晴雨随心美

阴雨连绵的日子，许多人会情绪低落；晴朗的日子，人们的心情会豁然开朗。出大太阳的时候，晾晒衣物也方便，衣服被晒得干干爽爽，闻起来还有一种清新的"太阳的味道"。所以，只要艳阳高照，人们便说："真是个好天气！"

出太阳一定是"好天气"吗？

这个话题可能会引起一些读者的困惑："太阳高照怎么可能不是好天气呢？"是的，大家都盼望好天气，出游的朋友更希望有好天气相伴。

然而，在不同的季节、不同的地方、不同的时间点，针对不同的人，艳阳高照的天气还真未必就是好天气。或者说，"艳阳高照"不一定等同于"风和日丽""阳光明媚"。

好天气？

比如，在南方的夏季，"出太阳"意味着烈日暴晒、酷热难耐，还容易导致中暑，这就不能算是"好天气"。在沙漠里，"太阳高照"下的高温和强烈的蒸发对于跋涉其中的人们也不能算是"好天气"。已经出现旱灾的地区，"秋高气爽"意味着干旱将持续和加重，也算不上"好天气"。有时候，即使不炎热，也不干旱，只是普通的晴天，但阳光过于强烈，紫外线也会损害人的健康。此外，强烈的太阳辐射和汽车尾气作用会产生"臭氧污染"，更让人"不好受"了。所以，在天气预报用语里，遇到晴天，除非针对特定的活动，一般不会轻易使用"好天气"一词，而是就事论事，注意分季节、分场景、分人群，恰当地表达天气对公众日常生产生活的利、弊究竟如何。

南北方的"好天气"不一样？

我国幅员辽阔，南北气候差异很大，同为晴天，北方空气更干燥，而且昼夜气温变化幅度大，习惯了南方湿润气候的人可能很难适应，特别是在北方秋冬季干得流鼻血和处处被静电"打"的现象让南方人印象深刻。同样，南方晴天时，空气湿度也很大，夏季闷热，体感温度高于北方，而冬季又湿寒刺骨，这样的"桑拿天"和"透心凉"北方人也不适应。因此，北方人准备到南方旅游或出差时，如果当地天气预报说受冷空气影响，气温在十几摄氏度左右，虽然听起来气温并不低，但千万不要掉以轻心不予理会，必须往行李箱里塞一件羽绒服，否则，你将会对南方的"十几摄氏度"留下极其深刻的印象。不要说江南地区，即使在华南地区，冬季里十几摄氏度的气温也是让人难以消受的。更有我国台湾、香港等地，12 ℃左右时就要发布寒冷预警，甚至开放庇护所，供百姓取暖。可是对于北方人来说，这个温度应该是冬季里非常难得的舒服的好天气。

为什么风霜雨雪也是"好天气"？

人们常常觉得只有在太阳下才能看到最美的风景。其实不然，风、霜、雨、雪也常常带给人们无尽的欢乐。绵绵细雨下西湖的湖光山色、雨后黄山和庐山等名山的平流云、张家界的雪景、长白山笼罩在云雾中偶尔露真容的天池、吉林的寒冬雾凇……都是在不那么晴朗的天气里才能看到的奇观。对于有机会目睹这些难得一见的美景的游客来说，有风有雨有雾有雪的天气才是"好天气"，遇到才是幸运。

可见，天气是好是坏，是让人舒服还是让人难受，不是由有没有太阳决定的，也不是由温度计上的数字决定的，而是由具体的时令、场景以及人们的"体感"和期盼决定的。

人工影响天气　不能无中生有

人工影响天气，主要是为了避免或者减轻气象灾害，合理利用气候资源，在适当条件下通过科技手段对局部大气的物理、化学过程进行人工影响，实现增雨雪、防雹、消雨、消雾、防霜等目的的活动。

可以凭空"人工降雨"吗？

当然不行！人类目前还做不到"无中生有"，让天下雨。自然降水的产生，不仅需要满足一定的宏观天气条件，还需要满足云中的微物理条件，比如0℃以上的暖云中要有大水滴，0℃以下的冷云中要有冰晶。在自然情况下，即使其他条件都满足，但云中微物理条件不具备则根本不会产生降水，或云中微物理条件不充分则降雨量很小。当云中微物理条件不充分时，如果人工向云中播撒人工冰核，可以使云中产生凝结或凝华的冰水转化过程，再借助水滴的自然碰并过程，就能产生降雨或使雨量加大，这就是"人工增雨"。人类可以做到的是在一定自然条件基础上"人工增雨"，而不是"无中生有"的"人工降雨"。

不是所有的云都可以用来增雨。一般而言，低云族中的雨层云和层积云，或中云族中的高层云比较适合用来人工增雨。晴天或天上的云很薄，就不具备人工增雨作业条件。当云系的厚度发展到大于2千米、云中有一定的过冷水（低于0℃而不结冰的水）和上升气流时，我们通

47

过地面的高炮、火箭或飞机将催化剂携带到云中的有效部位，就能够起到人工增雨的作用。人工增雨作业一般在实施 5 分钟到 30 分钟后见效，最直观的效果就是降雨量明显增大。

人工影响天气可以做什么？

在大气水循环过程中，有一部分云水还留在空中，不能靠自然过程转化成为降水为人们所用。我们把这些循环过程中仍留在空中的云水叫作"云水资源"。这些云水通过人工催化的手段有可能被开发成为降水，也就是通常说的人工增雨开发云水资源。高空的云是否下雨，不仅取决于云中水汽的含量，还取决于云中供水汽凝结的凝结核的多少。即使云中水汽含量特别大，若没有或仅有少量的凝结核，水汽不会充分凝结，也就不能充分下降。即使有的小水滴能够下降，也终会因太少太小，而在降落过程中蒸发。通过人工播撒凝结核，首先能增加云中的凝结核数量，有利于水滴的碰撞并增大；其次改变云中的温度，有利于上下扰动并产生对流。云中的扰动及对流的产生，将更加有利于水滴的碰撞并增大，当空气中的上升气流承受不住水滴的重力时，便产生了降雨、降雪。

基于这一点，人们根据云的情况(性质、高度、厚度、浓度、范围等)，在适当条件下通过人工干预的方式向目标云播撒适量的催化剂，可以改变云滴的大小、分布和性质，加速其生长，达到降水目的。

按照云的物理特性，可将其分为冷云（温度为 –30 ～ 0 ℃的云，往往存在过冷却水滴）和暖云（整个云体温度高于 0 ℃，云滴的半径一般很小）。这些云有的降水，有的不降水，之所以不降水，有些是因为缺少冰晶，有些是因为云滴太小。针对不同情况，通过人工干预云，影响其微物理过程，可以促使冰水转化、小云滴碰并长大等物理过程发生，从而实现增雨目的。对冷云进行人工增雨，常常是播撒制冷剂和结晶剂，增加云中冰晶浓度，弥补云中凝结核的不足，达到降雨目的。对暖云进行人工增雨，通常是向云中播撒吸湿剂和水雾，促使云滴增大从而降下雨来。

人工防雹，是通过对冰雹云中冰雹的形成过程进行人为干预和影响，抑制冰雹长大，避免其降落到地面造成灾害。目前常用的人工防雹方法有两种。第一种是"过量催化"法，即利用高炮将催化剂（碘化银）射入云中冰雹增长的过冷水积累区，以产生大量的人工冰雹胚胎，让这些人工雹胚与云中自然雹胚竞争水分、"争食"云中过冷水，从而抑制雹粒长大，实现消雹。第二种是"爆炸"法，即利用高炮发射到冰雹云中的炮弹爆炸后产生的强大冲击波，使云中上升气流遭到破坏，减缓水源供应，从而影响冰雹循环增长的速度和路径。人工消雨也采用类似思路，向云中过量播撒凝结核。

总之，云水资源的形成、开发和利用，涉及多领域、多学科，目前的评估和认识还是初步的。完整认识这些过程，深入了解云水资源特性、分布特征以及演变规律等，尚有很多研究工作要做。另外，人工增雨技术目前整体还处于试验研究阶段，需要结合需求不断加强研究。

海洋天气预报 海上风云谁知晓

随着生活质量的提高，选择去海边旅游度假的人越来越多，甚至越来越多的人在海滨城市购买房屋长期居住。那么，在海边或者海上，需要防范哪些灾害呢？

海洋灾害有哪些？

海洋灾害，是指因海洋自然环境发生异常或激烈变化而导致在海上或海岸发生的对人类生命财产造成损害的自然灾害，主要有灾害性海浪、海冰、海啸、风暴潮、赤潮等。

海浪包括风浪、涌浪和近岸浪三种。风的直接作用下形成的海面波动，称为"风浪"。而风停以后或风速、风向突变后海面保存下来的波浪和传出风区的波浪，称为"涌浪"。近岸浪是指外海的风浪或涌浪传到海岸附近，受地形与水深作用而改变波动性质的海浪。

海浪灾害，是指波高大于 4 米的海浪对海上航行的船只、海洋石油生产设施、海上渔业捕捞和沿岸及近海水产养殖业、港口码头、防波堤等海岸和海洋工程造成严重损害的自然灾害。海浪灾害是海难事故的最主要原因之一，是海上经济开发的最大障碍之一。有史以来，地球上差不多有 100 万艘船只沉没于惊涛骇浪之中。

海冰灾害，是指因海冰引起的航道阻塞，船只、海上设施及海岸工程损坏等对人类生命财产造成严重损害的自然灾害。海冰是由海水冻结而形成的咸水冰，也包括流入海洋的河冰和冰山等。我国北方的渤海和黄海北部海域每年冬季均会结冰，是全球纬度最低的结冰海域，海冰灾害的发生比较频繁，严重和比较严重的海冰灾害大致每 5 年发生一次。

海啸灾害，是指由海底地震、火山爆发和水下滑坡、塌陷所激发的海面波动而引发的自然灾害。海啸的海面波动，波长可达几百千米，传播到滨海区域时会造成岸边海水陡涨，骤然形成"水墙"，吞没良田和城镇村庄，对人类生命财产造成严重损害。海啸的破坏力巨大，带来的灾害往往是毁灭性的。

咔……

风暴潮灾害，是指热带气旋、温带气旋、冷锋等强天气系统过境所伴随的强风作用和气压骤变引起的局部海面非周期性异常升降现象造成沿岸涨水，给沿岸人类生命财产带来严重损害的自然灾害，其物理机制与海啸不同。在我国，几乎一年四季均有风暴潮灾害发生，影响范围遍及整个中国沿海，其影响时间长、地域广、危害重。国内外专家一致认为，台风引起的重大人员伤亡和财产损失绝大多数是由风暴潮造成的。风暴潮也因此被比喻为"来自海洋的杀手"。

赤潮灾害，是指海水中某些浮游生物、原生动物或细菌在一定环境条件下，短时间内暴发性增殖或高度聚集，引起水体变色，影响和危害其他海洋生物正常生存的海洋生态异常现象，对人类生命财产、生态环境等造成严重损害的自然灾害。我国很多海域都是赤潮高发区。

海洋气象是做什么的？

海洋气象的工作之一是监测海洋上的气象要素。由于地球表面约70％是海洋，监测海洋上的气象要素至关重要。海洋气象的第二项工作是做海上和近海区域的天气预报。远海捕捞、近海海水养殖、沿海风力发电以及沿岸城市民众的生产、生活等活动越来越频繁，海洋上和近海区域的风、雨、雾、海浪的预报越来越重要。

2016年，国家发展和改革委员会、中国气象局以及国家海洋局联合发布了《海洋气象发展规划（2016—2025年）》，目标是在十年内把近海责任区的预报提升到与陆地天气预报相同的水平，使海洋预报的准确性、服务能力、预警传输能力都上一个新台阶。

台风名字 由何而来

我国是世界上少数几个受台风影响严重的国家之一，平均每年约有7个台风（包括热带风暴、强热带风暴、台风、强台风和超强台风）登陆我国。沿海各省（区、市）自南向北，从海南、广西、广东、台湾、福建、浙江、上海、江苏、山东、河北、天津一直到辽宁，均可能受到台风活动的影响。在夏、秋季，台风是影响我国东南沿海最主要的灾害性天气系统之一。它一般通过强风、暴雨、风暴潮三种方式造成灾害。台风在登陆过程中，会同时以这三种形式影响沿海地区，而且由于台风登陆时可能与天文大潮重合，沿海地区受到叠加影响，会遭受更加严重的潮灾和浪灾。

"台风""飓风""旋风"都是热带气旋？

全球不同地区对热带气旋的叫法不同。在西北太平洋（日界线以西）包括中国南海范围内发生的热带气旋称为"台风"；在大西洋或北太平洋中部和东部发生的称为"飓风"；在太平洋西南部和印度洋发生的则被叫作"风暴"。如果在南半球，它被称为"旋风"。

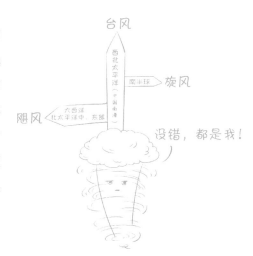

为什么要给台风起名字？

　　起初，所有的台风都是没有名字的。不过实践中，同一个台风在不同的国家和地区，叫法不同，往往给预警、研究、公众服务带来不便。比如，我国最初用台风编号（某年第几号台风）作为"名字"（专业上便于统计分析，目前依然同时在使用），但是常常会出现编号在后面的台风赶到前面影响了（比如06号台风登陆了，05号台风还在海上），百姓就弄不明白谁是谁了。为了解决这些问题，1997年世界气象组织（WMO）台风委员会第30次会议上重新制定了台风命名办法，于是台风有了含140个有趣名字的"命名表"。

　　世界气象组织台风委员会当时协商决定，西北太平洋和中国南海采用一套专门的热带气旋命名表。西北太平洋（经度180°以西、赤道以北的太平洋）洋面和中国南海海域生成的台风，都从这个表中提取命名。命名表里的名字，是由联合国亚太经济与社会理事会（ESCAP）和WMO台风委员会所有成员以及该区域WMO的有关成员提供的，一共140个。比如2018年第11号强热带风暴（台风）的名字"悟空"，就是由中国提供的。

　　向命名表提交台风名字，要遵守一定的规则，不能随心所欲。台风委员会规定选择名称的原则是：文雅，有和平之意；不涉及商业命名；每个名字不超过9个英文字母；便于发音；不会给各成员带来任何"不爽"。当然，选取的名字应得到全体成员的认可，如有反对，一票即可否决。因此，各成员多选择以自然美景、动植物来为台风命名。

为了记住，所以要"除名"？

当一个气旋发展为热带风暴时，世界气象组织区域专业气象中心（RSMC）—东京热带气旋中心便要为它编号，并按照热带气旋委员会确定的命名表提取命名。国际惯例是，在热带气旋的整个生命周期内，名字不变，对通过国际日期变更线进入西北太平洋的热带气旋，维持美国中太平洋飓风中心原有命名，对从西向东越过国际日期变更线的热带气旋，则维持东京热带气旋中心的命名。

一般情况下，热带气旋命名表是稳定不变、循环使用的，但若某个热带气旋因为造成了特别重大的灾害或人员伤亡而声名狼藉，成为公众知名的热带气旋而需要永久"记忆"时，为了防止其他热带气旋与它同名，这个热带气旋的名字将会从命名表上除去。例如，2006 年的 1 号强热带气旋"珍珠"横扫菲律宾和我国东南沿海，造成 104 人死亡，财产损失惨重，随后"珍珠"这个名字被停用。除名后的空缺，由原提名方按照规则提供一个新名字来填补。

读到这里，相信你已经可以从热带气旋命名表里查到下一个热带气旋的名字了。

探寻表象背后的真相

大气污染谁惹祸 霾之辩白

  我们所说的"空气"，其实不是"空"的。大气中除气体成分外，本身飘浮着一定量的液态或固态的颗粒物（也称为"气溶胶"）。这些颗粒物通常按其粒径大小，分为总悬浮颗粒物、大气降尘、大气飘尘和可吸入颗粒物。可吸入颗粒物也称为"PM_{10}"，指粒径为 10 微米以下的颗粒物。粒径为 2.5 ～ 10 微米的颗粒物，称为"粗颗粒物"。大家现在特别关心的$PM_{2.5}$，则是指粒径小于 2.5 微米的"细颗粒物"。"霾"就是大气悬浮颗粒物（包括"粗颗粒物"和"细颗粒物"）达到一定浓度后，造成能见度下降的天气现象。

霾的感觉就是"脏"？

  气象领域对霾的观测和记录有上百年历史。世界气象组织和各国气象组织一直将霾作为天气现象进行观测、预报预警，提醒社会公众采取有效措施予以防治。

由于霾出现时，人们的视野中一片"雾蒙蒙"，其中又含有大量的"浮尘"，所以人们对霾最直接的感觉就是"脏"。由于受到近地层各种来源污染物的"毒化"，"浮尘"中的有毒有害物质对人体健康危害很大，特别是粒径小于 2.5 微米的"细颗粒物"，还可能被人体吸入，对身体造成永久的损害。因此，整个社会一度谈"霾"色变，它成为大气污染的代名词。作为世界气象组织统一的气象观测项目之一，霾代表的是"大气悬浮颗粒物造成能见度下降"（水平能见度在 10 千米以内）。显然，这种天气现象本身并不直接等于大气污染。

为什么霾并不等同于大气污染？

按照空气污染的预警标准，只有霾中含有的 $PM_{2.5}$ 等达到规定浓度后才能算是引起了大气污染。而霾本身只是一种天气现象。气象观测上，判断是否起霾，主要看"能见度"是否受到 $PM_{2.5}$ 等大气悬浮颗粒物影响而下降到规定的程度。而对大气污染的判断，则必须要看大气中各种污染物的浓度达到了何种程度。目前，我国环境空气质量指数（AQI）参考的污染物为二氧化硫（SO_2）、二氧化氮（NO_2）、可吸入颗粒物（PM_{10}）、细颗粒物（$PM_{2.5}$）、臭氧（O_3）、一氧化碳（CO）等六项。每一项都可以形成大气污染。

虽然大气污染与霾的出现常常重叠在一起，但是它们不能相互指代。一是出现重污染天气时不一定同时出现霾。例如，当无色有毒有害气体泄漏或夏季晴空高浓度臭氧出现时，大气能见度不会受到影响，即便空气中有一定浓度的 $PM_{2.5}$，能见度也不一定会下降到霾的标准。二是即使出现了霾天气，大气能见度很低，但空气质量指数却不一定达到污染

的标准。上海就曾发生过这两种情况。2013年4月11—13日，上海出现了AQI高值，但未出现霾现象。而同年2月28日AQI为低值，却出现了霾天气过程。

所以说，尽管霾是造成大气污染的原因之一，但霾还不能等同于大气污染。随着污染治理工作的推进，污染物排放逐步减少，大气污染发生频率也会降低，可是霾这个天气现象依然还会存在。

特别值得引起重视的是，已经出现"完全透明"的臭氧污染替代$PM_{2.5}$颗粒物污染的趋势，臭氧污染可能很快将成为城市污染的主角。

飘来的污染 不受欢迎的 "外宾"

大气污染通常是指由于人类活动或自然过程引起某些物质进入大气中，呈现出足够的浓度，滞留足够的时间，对人类、生物和物体造成危害的现象。

大气污染物真的能"跨国旅行"吗？

大气污染物可以跨国界向下游飘散，所以它一直是下游地区所关注和担心的问题，甚至引起国家之间外交争议。

判断"灰尘"能够飘多远，首先要看它们的"尺寸"。大气中颗粒物直径（也称为"粒径"）的大小，决定了颗粒物在大气中的行为，包括它能够跑多远、待多久。一般来说，如果不考虑降水等的"清洗"作用，那么直径越小的颗粒物就会飘得越远。粒径小于或等于 100 微米的所有颗粒物统称为"总悬浮颗粒物"。其中，粒径大于 30 微米的颗粒物很容易在重力作用下沉降下来，称为大气"降尘"。这类颗粒物基本在很短距离内就会降落及地，在空中滞留的时间很短，不会飘到较远的地方。粒径在 10 微米以下的颗粒物称为大气"飘尘"。这类颗粒物能够较长时间飘浮在大气中，在空中飘浮的距离取决于大气中的传输条件，包括低层的风速有多大、能够把飘尘卷入多高的空间、是否会进入高空急流等。粒径更小的颗粒物被划为可吸入颗粒物和细颗粒物。我们常常听到的 $PM_{2.5}$ 就是指粒径小于 2.5 微米的颗粒物。这些细颗粒物可

以在空气中飘浮很长时间。因为地球高空存在着环绕地球的气流，一旦上升到高空大气环流中，这些细颗粒物形成的"灰尘"就可以跟随气流开启数千千米的"旅程"。

"灰尘"靠什么飘那么远？

"灰尘"能否长距离传输，取决于驾驭"灰尘"飘浮的环境和高空气流的输送能力。

大气环流，一般指大范围的大气运行现象，通俗地说，就是高空的"风"。大气环流水平尺度在数千千米以上，垂直尺度在 10 千米以上，平均时间尺度在数天以上。

在自然界中，沙尘暴、土壤扬尘、火山喷发、海浪飞溅、森林大火，以及植物的花粉释放等很多过程都会向大气注入不同性质的颗粒物。虽然注入大气中的颗粒物在重力沉降、降水冲刷等的作用下，最终会全部返回地球表面，但是它们在飘浮降落的过程中，"行走"的距离是不一样的。以火山活动为例，喷发后的火山灰大部分会落在火山附近区域，而一些被喷发到十几千米以上高度的、颗粒小的火山灰，可以随着高空盛行气流绕地球一周，甚至还停不下来。20 世纪最大的火山喷发事件之一——1991 年菲律宾皮纳图博火山爆发，向平流层喷发大量硫酸盐气溶胶。这种气溶胶会大大削弱到达地面的太阳短波辐射，产生冷却作用，使大气温度异常降低。这些"灰尘"随着高空气流千里迢迢飘向全球，布满整个平流层，最终完全覆盖地球表面，导致火山爆发后的两年地球都处于"火山冬天"。2020 年 1 月发生的澳大利亚森林大火持续了四个多月，大火产生的烟雾与大气环流相互作用，浓烟飘散，烟雾飞入平流层，穿越南部海洋，部分烟雾甚至被吹到距离地面 17.7 千米的高空。

　　人类生产生活中也会向大气释放各种颗粒物，如矿山、冶炼、发电、化工、工程施工、各种工业燃烧以及农业活动中的耕作、秸秆燃烧等，还有交通运输以及人们日常生活中的取暖、烹饪等，都会将各种各样的"污染"颗粒物排放到大气中。世界上各个国家都会或多或少排放悬浮颗粒物，而大气环流又是环绕地球运动的，所以某个国家排放的"灰尘"完全有可能飘浮万里甚至绕地球几圈，然后在另一个国家沉降。也就是说，在地球大气这个空间里，悬浮颗粒物造成的污染或附着在颗粒物上的有毒有害物质的污染，经过高空风的推送传播，很多时候成为了"全球共享"的"产品"。

臭氧 双面气体的功效

　　臭氧是氧气的同素异形体，每个臭氧分子由 3 个氧原子组成。1921 年法布里 (Fabry) 和比松（Buisson）首次对大气中的臭氧含量进行了观测，证实臭氧为地球大气中的微量气体，如果把地球大气中的所有臭氧集中在地球表面上，也只能形成约 3 毫米厚的薄薄一层。

保护神或健康杀手，臭氧的真面目究竟是什么？

　　臭氧主要存在于地球大气层的平流层中。在常温下，它是一种有特殊臭味的淡蓝色气体。大气中的臭氧会吸收太阳光中的紫外线并将其转换为热能，用来加热大气，所以臭氧的高度分布特征决定了大气的温度结构，对于大气的循环具有重要的影响。正是由于存在着臭氧，才有平流层的存在。臭氧对紫外辐射的强烈吸收作用，使其可以明显改变到达地表的紫外辐射。所以，臭氧层确实可以称得上地球的保护伞。同时，臭氧层也是一种温室气体，是地球的"保暖服"，没有它，地球保存不了热量，可能成为冰球。因此，臭氧保护地球，功不可没。

　　但是，凡事总是具有两面性，臭氧也不例外。少量臭氧可以杀菌消毒，过量臭氧就是有毒气体。随着大气污染治理工作不断深入，颗粒物逐渐减少，近地层过量的"透明的"臭氧污染已经"替代"了"灰蒙蒙的"霾，成为大气中的首要污染物。

　　为什么在天上臭氧是保卫地球的"佛"，到了地上，它就成了制造污染的"魔"了呢？因为臭氧本身就有"凶神恶煞"的一面。臭氧的氧化能力和杀菌能力都极强，能氧化分解细菌内部葡萄糖所需的酶，使细菌灭活死亡，还可以直接破坏细菌的细胞器和脱氧核糖核酸（DNA）、核糖核酸（RNA），甚至能透过细胞膜组织侵入细胞内，使细菌发生通透性畸变，进而溶解死亡。因此，臭氧被广泛应用于水处理、空气净化、食品加工、医疗、水产养殖等领域，专门用来杀灭细菌、病毒。

　　臭氧对生物细胞的杀伤力如此强大，可以想象，如果在我们人类生活的近地层生物圈层里臭氧浓度超过了一定程度，必然对植物和动物造成影响，特别是会损伤动物的肺细胞。臭氧浓度越高，伤害越重，连植物的树叶都有可能枯萎。对人类而言，空气中臭氧浓度超标时，眼睛和呼吸道会难受，同时口干舌燥，还伴有咳嗽症状。即使是对无生命的物品，臭氧的强氧化能力也不会"放过"它们。臭氧可以与许多物质（如

含碳、氢、氯和氮几种元素的化学物质）发生反应，使它们被消耗和破坏。例如，它可使铜片出现绿色锈斑，使橡胶老化、变色、弹性减低甚至变脆、断裂，还可能使织物漂白、褪色等。

所以，在近地层，当臭氧超过一定浓度时，就成了一种有害物质，这个时候，我们就可以说出现了"臭氧污染"。

什么时候臭氧污染严重？

近地层的臭氧是光化学反应产生的二次污染物。氮氧化合物和一些有机挥发物、汽车尾气挥发到大气中，遇到强阳光照射，经过复杂的过程便形成了臭氧，并且会持续增多积累，达到一定浓度。由于形成臭氧需要强阳光的照射，所以臭氧的浓度有比较明显的季节变化和日变化：冬季会相对弱一些，夏、秋季比较强；在连续晴天的城市，臭氧浓度一定会明显上升，上午 10 点至下午 4 点这段时间浓度最高，所以，为了防范臭氧污染，应尽量避开这个时段外出。

"地震云" 预报地震的传说

"地震云"这个说法时不时地会被提出来,热闹过,也沉寂过。有人认为,地震时,地壳运动会有能量或物质释放,从而可能影响天空中云的生消。因为云的生成需要一些物质作为凝结核,地震前夕,如果有物质喷发出来,就有可能成为空气中水汽的凝结核,促进云的形成。从这个角度来看,"地震云"这个说法貌似有一定科学道理。

预测地震有民间偏方——"地震云"?

直到目前,尚没有根据"地震云"成功预测地震的例子。有些人在地震之后说,地震之前在某地看到了"地震云",接着另一个地方就发生了地震。最典型的说法就是,出现了"线状孤立的云",云指向地震发生的地区。可是反查资料就会发现,所谓"地震云"出现的地方,与发生地震的另一个地方往往有着几百千米甚至几千千米的距离。这个距离跨度太大了,而且从出现"地震云"到发生地震,两个事件相隔的时间有一两天的,也有一两个星期的。时间和空间上如此不确定,怎么能说是预报呢?好比天气预报如果说"今天夜里到下周,地球某地一定有闪电",那根本就算不上天气预报。

2019年5月5日,北京上空出现了东西向的号称"典型的地震云"——独立一条长长的,呈东西向线状。两天后还真有一条"巴布亚新几内亚7日清晨发生7.2级地震"的新闻。但是巴布亚新几内亚在哪儿?它在北京以南几千千米之外的南半球,并且也不在所谓"地震

云"的东西方向的延长线上。可见"地震云"和地震两者之间的因果关系实在无法成立。

地震其实是一种常见的自然现象，地球上时不时会有地震发生，出现频率不比台风少。非要把某地某种"奇怪的云"与千里之外的地震对应上，目前看很牵强。所以，"地震云"和地震之间究竟是否存在关系，还需要进一步深入研究。但是用所谓"地震云"来"预报"地震，至今还没有令人信服的例子。

传说中的"地震云"真的存在吗？

有人描述，一种"地震云"是发光的白色草绳状或条带状云，一种是焦点位于震中的辐射状云，还有一种是干涉条纹状云。有人认为，"地震云"好像把天空分成两半的云，或是弯弯曲曲像蛇一样的云。也有人说，"地震云"是灰色、黑色和红色混杂在一起的，看到就令人生畏。

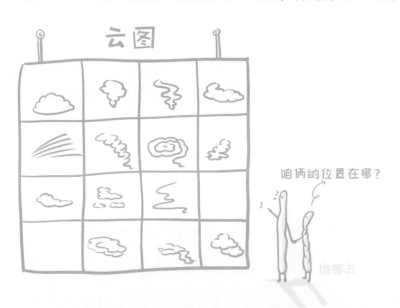

还有人说，"地震云"是一条孤零零的红色条带状云，飘浮在晴空中。网络上还传播着许多所谓的"地震云"的图片。

大气是动态的，云的宏观特征本就千姿百态。依据它们的形成过程和共性，并结合观测和天气预报的需要，气象工作者按云的底部距离地面的高度将云分为低、中、高三族，然后按云的宏观特征、物理结构和成因划分出十属二十九类云状。类似上述传说中的"地震云"，在云的分类中都能找到相似的，说明这些云并不是什么奇怪的云。

顺便提一下，地震预测和天气预报两者倒有一个有趣的现象。对天气预报来说，预测越短时间内的天气变化，把握性越大。如果要预报几十年后暴雨下多下少，还真没办法做到。而地震预测正好相反，越是临近预报越有难度。这可能是因为，在对天气进行预报时，资料比较齐全，手段也比较直接。但地震通常发生在地壳深处，很难直接观察，只能做一些监测，这导致地震的可预报性要比天气低很多。因此，地震临期预报目前还是世界难题。但是，地震部门预测未来几十年地震强弱变化的周期的能力是很强的，在长期预测方面反而让气象部门难以"望其项背"了。

看人居 知气候

中国幅员辽阔，地形复杂。由于地理纬度、地势等条件不同，各地气候相差悬殊。因此，针对不同的气候条件，各地为了建筑的安全、舒适、健康、方便，在设计上都因地制宜，根据本地气候特点形成了千姿百态、各具特色的建筑风格。例如，炎热地区的建筑需要以遮阳、隔热和通风为主，以防室内过热过湿；寒冷地区的建筑则要考虑防寒和保温，让更多阳光进入室内；多雨地方的建筑"走水"要方便；雪大之处的建筑要能抗雪压。为了明确建筑和气候之间的科学关系，《民用建筑设计通则》将中国划分为7个主气候区、20个子气候区，并对各个子气候区的建筑设计提出了不同的要求。那么在没有建筑气候学概念的古代，人们是怎样适应气候的呢？

古建筑也讲究气候学？

让我们以位于广西贺州昭平县东北部漓江边上的黄姚古镇为例，看看古民居建筑中有没有气候学的讲究。黄姚古镇的房屋都是厚砖高墙，而且窗户都特别高、特别小。即使是稍微大点的窗户，也都一定有一个木条。这种建筑特点是怎么形成的呢？实际上，不仅在黄姚古镇，我国中低纬度地区的古代民居都有这一特色。这种建筑房屋的方式，有人说是为了防盗。但应该还有一个原因，那就是为了顺应当地的气候。

广西大部夏季长、冬季短，而且日照比较强烈，所以住宅设计主要考虑的就是如何防暑。那具体应该怎么办呢？一方面考虑遮阴，把门楼或房间外墙建得高一些，窗户开得小一些，可以避免阳光直射，降低房屋内的温度。另一方面是想办法透气、通风。众所周知，南方人喝茶常用的小紫砂壶壶盖上面有个小孔。如果按住这个小孔，水是倒不出来的，但只要让这个小孔通气，尽管它很小，壶里的水也能顺畅地倒出来。小窗户的道理与紫砂壶小孔类似。有了小窗，室内和外部环境的温差、气压差或风速差就能形成小气候，使房屋里的空气流动起来，而且房子高处的小窗户受周边遮挡相对少，更加有利于室内外空气流通。既能减少白天阳光照射到房屋内，又便于晚上室内气流能够流通，这样的小气候就很适宜居住了。非洲沙漠居民的帐篷靠顶端都留有开口，我国南方村民聚会场所廊桥顶上檐下采用多层镂空，均是这个道理——利用局部内、外温差促进上下空气流动产生微风，营造舒适环境。

气候造就透气防盗门？

漫步黄姚古镇还可以发现，不只是民居，街上的商铺外面都有一个闸门，闸门是一格一格的，像个栅栏似的。这种设计也非常巧妙地考虑到了当地的气候问题。因为当地气候比较炎热，如果为了防盗而把外门关死，虽然盗贼进不来了，但是气流也进不来，屋子里不通风也不透气，既不利于做生意，也不便于物品储存。南方地区现在常用的透气防盗门运用了同样的原理。透气防盗门有一部分是镂空带纱窗的，既能防盗，又能通风、透气，这应该算得上是现代纱窗防盗门的鼻祖了吧。

看看古人如何人工营造"小气候"？

黄姚古镇每家每户的正堂后必有一方天井，让家宅上方露出一片蔚蓝的天空。晴雨两宜，四时皆景，不仅是中国古代建筑赋予天井的独特文化内涵，也是古人顺应当地的气候特点所为的科学智慧。

在中低纬度地区，强冷空气很少见，住宅真正需要解决的是潮湿和高温问题，遮阴、防潮功能是摆在首位的。黄姚古镇当地民居外墙的小窗和朝向天井的这些门窗，可以形成一个气流的环路。天井在白天被太阳照射，温度比较高，而住宅内的其他部分，因为房屋的遮阴设计，相对凉爽，于是两边的空气就产生了温度差。这种温度差可以产生微循环气流。可见，天井的作用就是使住宅内某一块地方的空气能够被加热升温，而其他遮阴地方的空气温度低，出现受热不均，形成了一个局地热力环流，使整个建筑内部的空气可以实现冷热交换，在原本非常潮湿、闷热的环境里面形成了一个温度、湿度交换通风的回路，营造出一个让人觉得舒适的小气候环境。夏季坐在山洞口感受洞中"自然"吹出的凉风，原理是一样的。

在比较大的院落里，天井里边还会设一个小水池。民间习俗认为修小水池是为了"聚财""聚气"和防火，实际上这也是调节小气候的"神来之笔"。由于水与空气的比热容不同，水体附近与周边的场所会形成温差，引起微环流。同时太阳照晒时，水汽蒸发会吸热，使环境气温降低。通过布置一个水体，人为制造出分布不均匀的环境热力，自然而然强化了房屋内的空气环流，不失为利用气候资源的范例。我国江浙一带民居常常将流动的溪水引入民居内，通过流动的水带动水面上的空气流动，放大水的调节作用。

古人也懂利用气象 苇子水村往事

苇子水村位于北京市门头沟区，坐落在雁翅镇西北部、太行山北部，四面环山，是京西保存完整的著名古村落。整个村落依山而建，100户建筑群落全部分布在九道山梁、八个沟谷之中，村民称之为"九梁八岔"。历史上有"九龙戏金盆"的美好传说。所谓"九龙戏金盆"，是指九道山梁汇聚于一个山谷之中。据说，具有这种地势的地方是"风水宝地"。

"九龙戏金盆"有气象背景？

苇子水是一个小村落，顺势坐落在山谷中，全村都姓高。高氏家族生生不息，代代传承，一直在九梁八岔之中过着平安祥和的宁静生活。难道真是"九龙戏金盆"给高氏宗族带来了好"风水"吗？

古时候建村落，选对自然环境是首要。好的环境不仅能给村子的生存创造条件，还能给村民带来希望。苇子水村的地势实际上是一条主沟和八个岔子，俯瞰走势，老百姓就会想象出九座山像九条龙，全都聚合到这条主沟中，有龙有水，让人感觉十分吉祥、欣欣向荣。村民们总结出来的"九龙戏金盆"，就代表了他们心中美好的愿景。

实际上，不论是古时的民居还是今天的民居，建设时首先要考虑的就是选择舒适、方便、安全的环境，同时还要能够因地制宜，减少建设难度和成本。古时候，因地制宜主要指尽量借助自然的力量，融

入当地的气候环境。门头沟这一带，山地占了90%。虽然山地和平原同在一个气候带上，但是受地势影响，比起平原，山地的气候更具多样性。利用气候资源、评估气候资源的承载力不知不觉就成为古人选址的首要因素。

古人也利用山谷风？

我国北方特别是华北，降水量相对偏少。想在一个整体干旱的地方找到比较湿润、宜居的小气候，凹地是一个非常好的选择。仔细观察苇子水村的位置就可以看出，这个村落建在一个凹地上，群山环抱，中间低陷。这种环境下，由于日夜受热条件不同，白天山上升温比谷底快，夜里山上冷谷底暖，于是形成了独特的局地气候。白天盛行从山谷往上吹的"谷风"，夜晚盛行是从山上往下吹的"山风"。两股风日夜循环，混合作用使得村庄所在的地方浊气不容易聚积，温度、湿度也得以调节，气候非常宜人。此外，这里的植被条件非常好，树木较多，即使夏季偶尔出现高温，山谷风的交换也使这里仍然是凉爽、清新、湿润的。这就是为什么苇子水村所在的区域能始终保持一个相对平稳的、气温比较温和、湿度又相对较大的盆地小气候。可见，当初苇子村的先祖选择落脚之地时颇花了一番心思，非常巧妙地营造了一个很像江南水乡的生活环境。

这里不但像江南一样滋润舒适，而且由于村民们善于利用气候条件和资源，物产也十分丰富，保证了高氏宗族数百年的合族聚居。

古人也懂防汛抗旱?

苇子水村建在山区,地势比较低。这里又是以泉水为主,有不少泉眼。那么一旦出现比较大的降水,引发山洪,这个村子会不会被冲垮呢?

如果只看山区的降水和这个村落的地势,确实存在这种风险,但是其实并不会发生这种危险。首先,这里的洪水流出通道比较多,能够有效分散山洪冲击的力度。这里有七条山脉,在水量一定的情况下,七条山脉上流下的洪水,比单独一条山脉上流下的洪水,实际力度要小很多。其次,这里还有八条沟,用于泄洪绰绰有余。再次,苇子水村建造时已经对山洪风险采取了防御措施。这个村落的布局和使用的建材都与江南水乡的民居相似。村中的路和苏南的小石块路完全一样。这种路可以作为流水道,下雨时雨水不会积存,而是统统顺着石头路流走。最后,再汇总流出村去,这就形成了一个防洪体系。同时,村民居住的房子都建在高坡上,与水系有高低差,不会受到水位升高的影响。

所以,虽然苇子水村处在一个局地多雨、比较容易出现山洪的地方,且地势低洼,但是苇子水村凭借自然形成的发达的水系和巧妙的建造方式,保障了居住环境的安全稳定。

石瓦片的"气象意义" 石头上的水峪村

2012 年 7 月 21 日，一场连续下了 16 个小时的大暴雨袭击北京，房山区受灾严重。但是当地一座距今已有六百年历史的古村落——水峪村，却在这场暴雨中安然无恙，这是为什么呢？

不怕暴雨的古村落？

水峪村，坐落在北京市房山区南窖乡，隐藏于北京西南部的深山中。全村沿一条西北—东南向的沟岩分布。

从村名"水峪"就可以看出，这里有山，又有谷，还有水。村名已经把这座村庄的地理环境都介绍清楚了。

水峪村地处古代交通要道。在交通要道旁边寻找一个既可以交易物资又适合人居的地方，水峪村看起来是最佳选择。水峪村的建造者在深山峡谷里根据山形走势，选择了一个"S"形的地段来安置整个村落，其建筑都依山坡而建。建造过程中，再兼顾每间房屋的朝向，保证房间内有良好的日照和通风，于是恰巧形成了整个村庄建筑的"八卦"形排列。站在村南山上俯瞰，所有建筑错落有致，整个村庄系统完整、布局完美。

如果山区出现强降水且持续时间较长，很快就会形成径流，向低洼地方流，然后继续随着山势往下冲，在主要河道形成山洪。隐于深山、易受山洪冲击的水峪村有自己的一套防灾体系。首先，水峪村内部本身筑有泄洪水系，而且水系一直畅通无阻，当山洪出现时，水系就可以防止洪涝。其次，村中房屋均避开了山洪路径，避免了山洪的正面袭击。最后，村中房屋的基础全是石块，耐水浸泡。依靠这套防洪体系，即使发生特大暴雨，整个村子也能安然无恙。

更有趣的是，村中山道两旁有凸出来的石头。这些约 1.5 米高的石头被当地人称为"石橛子"，是一种防灾救生设施。万一山洪暴发，人们来不及逃往高处，就可以抱住石橛子暂时躲避，防止被洪水冲走。不论是防洪体系，还是石橛子，都体现着水峪村村民自古以来的防灾智慧。

石瓦片有什么"气象意义"？

水峪村的屋顶铺的都是石瓦片。水峪村一带的板岩矿体储藏丰富，当地老百姓便就地取材用它们来建造房屋。这种就地取材的做法也体现了合理利用气候资源的智慧。石头比热容很高，被阳光照射以后，能够存储一些热量。待太阳下山以后，石头便会释放热量。所以用石头盖房，能营造一个小的微气候环境，让房间里变得温暖一些。

选用石瓦片还有另外一个好处。石瓦的密度比普通陶瓦大，所以比陶瓦重。出现局地强降水伴随的强阵风时，石瓦片不容易被风吹翻。此外，与陶瓦相比，石瓦更耐雨水冲刷，所以用石瓦有利于防强风、防大暴雨冲刷。

水峪村的最大魅力是取之自然、融入自然，最大特点是崇尚自然、顺应自然。它选择顺应自然来造村，尽可能地不去破坏自然，又尽可能地把自己的生活融入自然。我们可以从村里建筑的规划布局和结构来反推，当年选择定居在这里的村民是如何匠心独运地应对自然、适应气候的。他们的做法看似简单，却在应对不利气候和开发利用气候资源方面显示出了许多令后人佩服的智慧。

今天，我们仍然需要像水峪村先民一样，秉承"天人合一"的理念，科学认识气候，主动适应气候，合理利用气候，努力保护气候。在生态建设中，要根据气候条件，宜林则林，宜草则草，宜耕则耕。在经济布局中，也应该注意宜农则农，宜工则工，宜城则城。这样既可以科学有效地防御气象灾害，又能够在适宜的气候承载力下修复重点区域生态，趋利避害，推进生态文明建设，实现可持续发展。

天人合一

"风水"的讲究 广府古城

水中"金汤"河北省广府古城，位于河北省邯郸市永年县。这里依靠滏阳河供给以及雨季积存，长年积水，处于湿地状态。古城周围逾20平方千米水网纵横、湖塘密布、水生植物种类繁多，是名副其实的北国江南。为什么称它"金汤"呢？因为广府是历代兵家的必争之地，历史上战火烽烟不断，但这座城池经历多次战争却至今保存完好，所以有人形容它"固若金汤"。

是"风水"还是"风""水"保护了这座古城？

古时候，类似广府古城这样的城市建设在"风水"上有诸多讲究。许多人认为"风水"带有迷信色彩，但是将"风水"一词拆开，关注"风"和"水"这两个气象要素，有关"风水"的某些"讲究"就有科学道理了。

广府古城的建设，借鉴现代建筑气候学的原理，出于安全和宜居两方面的考虑，在利用自然条件上独具匠心。广府古城建设时首先考虑的是安全问题，所以它不像一般城市选址在洪水不易侵犯的高地上，而是选择建在一个湿地里。这里海拔41米，高度比周围的河流还低2米。这种选择的用心显然是想利用天然水体作为城墙外面的护城河，而且护城河外面还有大片的水面包围，层层守护使得它易守难攻。

广府古城建设时充分利用当地气候条件，打造宜居城市。河北这一带的年降水量为500～600毫米，相对来说偏干旱。但是，广府古城

建在一个四周环水之处，城区的空气湿度和温度可以得到有效调节，营造出来的小气候环境就比周边要更加宜居。此外，有了城外这些河流，城内生活用水就有了保障。虽然这里海拔高度比较低，存在排水和潮湿等问题，但只要把城池垫得高一些，问题就基本可以解决。可以猜想，当时的建设者是充分权衡利弊之后才选择了现在这个方案。

广府古城如此坚固，除了选址好，还有一个原因——它的城墙有"秘密"。你知道这座古城的城墙有多厚吗？8米！而且修建城墙的土不是普通的黄土或者黏土，而是一种三合土。土的成分有沙子、石子、黄土和白灰，可能还有糯米、鸡蛋这种增加黏性的材料。建城者把这些材料混合起来，夯得非常结实。据说当时采取了一个质量检验方法，就是等城墙硬化以后，在上面凿一个坑，然后往坑里灌水。如果水渗进去了，就说明这一段城墙的质量不过关，需要扒掉重建。如果水不下渗，就说明城墙的密实度很好。

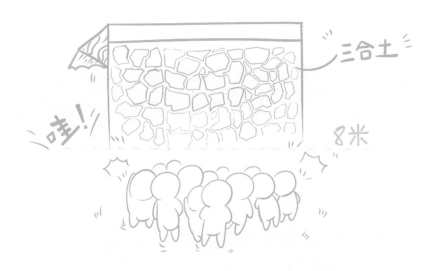

"三山四海"是神牛？

传说广府古城的四个城墙下各有一只神牛。每当涨水时，神牛就会把古城驮起来，让大水永远也淹不到城里。当地这个传说中的神牛确实存在，它就是古城的蓄洪、排洪系统。广府古城虽然建在洼地，但是选了相对高一些的位置。城西的滏阳河有八道水闸，俗称"西八闸"。西八闸是当地非常重要的水利工程。洪水来临时，人们可以通过这些水闸提前分流，减少水量，保护古城的安全。

城里还有一个排涝的设施，叫作"三山不显，四海不干"。所谓"三山"，指在整个城里有三个制高点；所谓"四海"，指城墙四个角上挖的几个巨大的蓄水池。暴雨来临时，城中高地不积水，水都往四个角的水池里排放。水池容量非常大，足够蓄洪。到了旱季，这些水可以用来缓解旱情。"三山四海"运用了科学的防洪规划理念，跟现代的防洪蓄洪道理完全一致。

广府古城还有第三个防洪系统，就是它的瓮城。在中国古代，大多数城市都会有一个瓮城。瓮城的第一个作用是军事防御。外来敌人要想入城，要破的第一道城门就是瓮城的外城门。进到瓮城里才能攻打第二道城门，即内城门。但是，在敌军攻打内城门之前，守城士兵已有充足的时间做好战前准备，可以把敌人消灭在瓮城之中，所以中国有一个成语叫"瓮中捉鳖"。瓮城的另一个作用就是抵御洪水。当洪水来袭时，整个城墙通常可以挡住洪水，但是城门相对来说是个薄弱环节，此时瓮城就发挥了作用。人们在瓮城的城门先设置一道防线，用沙袋把城门堵上。如果第一道防线被冲垮了，水进到瓮城里，那么还有第二道城门可以阻挡，拦住洪水的概率就会大大提高。此外，广府古城的瓮城门和

其他的瓮城门有很大不同。广府古城现存的瓮城门——东城门和西城门，与城墙的正门不是正对的，而是呈90°夹角。当洪水来袭时，即使水进了瓮城门，要想再进正城门，就必须拐个弯。这样一来，洪水的冲击力度大幅减弱，对正城门也起到缓冲、保护的作用。

除了防御洪水，瓮城利用虹吸原理，改善城内的空气质量。河北的气候属季风气候，盛行北风。城墙本身有一定的阻风作用，而当风吹过瓮城时，瓮城便像几个大烟囱一样将城中气流抽出，使城里的空气更加流通，吹散积聚的污染物。